Anthony Oketch
Lucas Ngode
Jonah Ngeno

Influência do fertilizante potássico no rendimento e na qualidade dos tubérculos de batata

Anthony Oketch
Lucas Ngode
Jonah Ngeno

Influência do fertilizante potássico no rendimento e na qualidade dos tubérculos de batata

Batata (solanum tuberosum l.) Rendimento e qualidade dos tubérculos influenciados pelo fertilizante potássico no condado de uasin gishu, Quénia

ScienciaScripts

Imprint

Any brand names and product names mentioned in this book are subject to trademark, brand or patent protection and are trademarks or registered trademarks of their respective holders. The use of brand names, product names, common names, trade names, product descriptions etc. even without a particular marking in this work is in no way to be construed to mean that such names may be regarded as unrestricted in respect of trademark and brand protection legislation and could thus be used by anyone.

Cover image: www.ingimage.com

This book is a translation from the original published under ISBN 978-620-7-47443-1.

Publisher:
Sciencia Scripts
is a trademark of
Dodo Books Indian Ocean Ltd. and OmniScriptum S.R.L publishing group

120 High Road, East Finchley, London, N2 9ED, United Kingdom
Str. Armeneasca 28/1, office 1, Chisinau MD-2012, Republic of Moldova, Europe
Printed at: see last page
ISBN: 978-620-8-11257-8

DECLARAÇÃO

Declaração do candidato

Esta tese é o meu trabalho original e não foi submetida a nenhum prémio académico em nenhuma instituição e não deve ser reproduzida em parte ou na totalidade ou em qualquer formato sem autorização prévia do autor e/ou da Universidade de Eldoret.

Anthony Otieno Oketch

SAGR/SCH/M/013/19   **Data**

Declaração dos supervisores

Esta tese foi apresentada com a nossa aprovação enquanto supervisores da Universidade.

Dr. Lucas Ngode   **Data**
Departamento de Ciências das Sementes, das Culturas e da Horticultura
Universidade de Eldoret, Eldoret, Quénia

Dr. Jonah Ngeno   **Data**
Departamento de Ciências das Sementes, das Culturas e da Horticultura
Universidade de Eldoret, Eldoret, Quénia

DEDICAÇÃO

Dedico este trabalho à minha querida esposa, Purity, ao meu filho Arion e à minha filha Ameela, bem como aos meus queridos pais, Sr. Fredrick Oketch e Sra. Florence Oketch, aos meus irmãos e amigos pela sua paciência, amor e apoio moral.

RESUMO

A batata irlandesa é a segunda cultura alimentar mais importante no Quénia, a seguir ao milho. No entanto, o rendimento médio nacional de tubérculos é de 9,8 toneladas ha^{-1} , o que é baixo em comparação com a produção óptima de 41 toneladas ha^{-1} . Existe uma procura de produção não satisfeita de tubérculos de batata com elevada qualidade de processamento no Quénia, que pode cumprir as normas internacionais para produtos como batatas fritas e batatas fritas de pacote. O potássio (K) é um dos macronutrientes absorvidos em maiores quantidades pela batata e é conhecido por melhorar tanto o seu rendimento como as suas caraterísticas de qualidade. No entanto, os investigadores não chegaram a um consenso sobre se o K deve ser aplicado nas explorações agrícolas do Quénia. Para determinar a eficácia do fertilizante de potássio no rendimento do tubérculo e no aumento da qualidade, bem como na lucratividade devido à aplicação do fertilizante, um experimento de campo foi conduzido na fazenda da Universidade de Eldoret no condado de Uasin-Gishu durante as estações de chuvas curtas e longas de 2020 e 2021, respetivamente. Duas fontes de potássio, muriato de potássio (MOP) e sulfato de potássio (SOP) foram utilizadas a taxas de 0, 60, 120, 180 e 240 kg ha^{-1} de K durante as chuvas curtas e 0, 30, 60, 90, 120 e 180 kg ha^{-1} de K durante as chuvas longas. Os tratamentos foram dispostos em um projeto de bloco completo aleatório replicado três vezes em um fatorial 2x5 durante a chuva curta e 2x6 fatorial durante a estação de chuva longa. Foi plantada a variedade *Destiny* de batata. A taxa de 120 kg ha^{-1} de K como sulfato de potássio aumentou a produção de tubérculos comercializáveis em 51% em relação ao controlo nas chuvas curtas. Nas chuvas longas, 30 kg ha^{-1} de K como muriato de potássio deu um rendimento de tubérculos de 40,54 toneladas ha^{-1} e um lucro de 111,86%. A SOP aumentou significativamente a matéria seca do tubérculo em comparação com a MOP em 5,6% em ambas as estações. Além disso, 180 kg ha^{-1} de K sob a forma de SOP deu a maior concentração de vitamina C no tubérculo (19,56 mg g^{-1}), mas uma taxa semelhante de MOP reduziu o teor de vitamina C em 5,89 mg g^{-1} em comparação com o controlo durante as chuvas longas. Nas chuvas curtas, 120kg K/ha deu o maior teor de amido de tubérculo, enquanto a taxa similar de SOP registou um teor de amido de tubérculo 4,77% menor. A taxa mais elevada de MOP (240kg K/ha) reduziu significativamente o teor de amido dos tubérculos em comparação com o controlo. Concluiu-se que, em áreas com condições ecológicas semelhantes às da área de estudo, o teor de matéria seca dos tubérculos pode ser aumentado pela aplicação de sulfato de potássio e os produtores de batata podem otimizar os seus lucros e o teor de vitamina C dos tubérculos através da aplicação de 30 kg/ha de K como

MOP e 180 kg/ha de K como SOP, respetivamente, durante a estação chuvosa longa. Recomenda-se que um estudo semelhante seja efectuado em diferentes solos onde a batata é cultivada e com diferentes variedades.

ÍNDICE DE CONTEÚDOS

DEDICAÇÃO...2

RESUMO..3

RECONHECIMENTO...7

CAPÍTULO UM INTRODUÇÃO 8

    1.1 Informações gerais..8

    1.2 Declaração do problema 10

    1.3 Justificação do estudo...10

    1.4 Objetivo(s) do estudo..11

    1.5 Hipóteses (H)$_1$ 12

CAPÍTULO DOIS REVISÃO DA LITERATURA...13

    2.1 Requisitos botânicos e ecológicos para a produção de batata na Irlanda...............13

    2.2. Papel do potássio na fisiologia das plantas 14

    2.3 Efeitos do adubo potássico no crescimento e no rendimento da batata-inglesa.....15

    2.4 Efeito do potássio na qualidade da batata-inglesa..17

    2.5 Análise da margem bruta da produção de batata..24

CAPÍTULO TRÊS METODOLOGIA 25

    3.1 Descrição do local de estudo 25

    3.2 Tratamentos e conceção experimental..26

    3.3 Cultura e recolha de dados 29

    3.4 Análise dos dados 34

CAPÍTULO QUATRO RESULTADOS 36

    4.1 Efeitos da fonte de potássio no rendimento comercializável e na qualidade dos tubérculos da batata..36

    4.2 Efeitos da fonte e da dose de potássio na qualidade dos tubérculos de batata 37

    4.3 Efeitos da fonte de potássio nos componentes de qualidade dos tubérculos 44

    4.4 Efeitos da fonte e da taxa de fertilizante potássico nos componentes de qualidade dos tubérculos...46

    4.5 Análise da margem bruta devido à fertilização com K na exploração agrícola da Universidade de Eldoret 54

CAPÍTULO CINCO DEBATE..56

    5.1 Efeitos do fertilizante potássico no rendimento comercializável e na qualidade dos tubérculos de batata na exploração agrícola da Universidade de Eldoret 56

5.2 Efeitos do fertilizante potássico nos componentes de qualidade dos tubérculos de batata na exploração agrícola da Universidade de Eldoret..58

5.3 Análise da margem bruta devido à aplicação de diferentes fontes e taxas de fertilizante potássico na batata irlandesa. 60

CAPÍTULO SEIS CONCLUSÕES E RECOMENDAÇÕES 62

6.1 Conclusões 62

6.2 Recomendações 63

REFERÊNCIAS..65

APÊNDICES 74

RECONHECIMENTO

Gostaria de agradecer a Deus Todo-Poderoso pela grande graça e força que me concedeu ao longo deste período de investigação. Agradeço à minha querida esposa, aos meus filhos e amigos pelo seu apoio e encorajamento durante todo o período de investigação.

Gostaria de agradecer aos meus supervisores, Dr. Lucas Ngode e Dr. John Ng'eno, pela sua grande contribuição para este trabalho, o seu apoio e aconselhamento contínuos contribuíram muito para o sucesso deste trabalho. Agradeço também a outros professores que desempenharam um papel importante nesta investigação: o Dr. Josiah Chiveu, o diretor da exploração agrícola, o Sr. Harry Churu e o Sr. Alfred Otieno

A minha gratidão vai para a Universidade de Eldoret por financiar a fase de investigação dos meus estudos e para a Universidade de Agricultura e Tecnologia Jomo Kenyatta por nos permitir realizar parte da nossa análise de investigação no seu Laboratório de Ciência Alimentar.

Por último, os meus sinceros agradecimentos aos meus colegas Edward Mwatabu, Brian Achila, Hatangimana, Modeste, Moses Muga, Elton Midikira, Victor Oluoch e aos técnicos de laboratório do departamento de Seed Crop and Horticultural Sciences, Universidade de Eldoret , que estiveram presentes para ajudar durante esta investigação.

CAPÍTULO UM

INTRODUÇÃO

1.1 Informações gerais

O volume mundial de produção de batata irlandesa está estimado em 437,3 milhões de toneladas. A área de produção de batata é estimada em 20.712.998 ha com um rendimento médio de 21,1127 toneladas ha^{-1} (FAOSTAT, 2022). A China e a Índia são os principais produtores e consumidores da batata irlandesa. A nível mundial, a batata irlandesa é a cultura de tubérculos mais importante e mais cultivada. É a quarta cultura alimentar mais importante, depois do arroz, do trigo e do milho (FAOSTAT, 2022).

No Quénia, é a segunda cultura básica mais importante, a seguir ao milho. É uma cultura estratégica para a segurança alimentar devido ao seu elevado valor nutricional e à sua adaptação a várias condições ecológicas. Os agricultores quenianos dependem da precipitação para a sua produção, e a cultura é cultivada em 29 condados a uma altitude de 1500-3000 metros acima do nível do mar (NPCK, 2021). Aproximadamente 800.000 pessoas no Quénia beneficiam diretamente do cultivo da batata irlandesa, e outros 2,5 milhões de pessoas empregadas na cadeia de valor da batata irlandesa obtêm um rendimento da cultura. Noventa por cento da produção de batata irlandesa no Quénia está nas mãos de pequenos agricultores com uma área de terra inferior a 0,5 acres. O volume anual de produção de batata no Quénia é de 2,11 milhões de toneladas, com um rendimento médio de 9,8 toneladas ha^{-1} . Este valor é mais de três vezes inferior ao rendimento médio nos países desenvolvidos, como a Europa Ocidental e os EUA (AFA, 2022; Janssens *et al.*, 2013).

A batata irlandesa tem uma vasta gama de utilizações, nomeadamente: como legume fresco, pré-processada/congelada, para batatas fritas, desidratada e para o fabrico de amido industrial. Os tubérculos de batata comercializados como legumes frescos são vendidos inteiros e classificados de acordo com o tipo e o tamanho (CIP, 2012a). O seu teor de amido influencia grandemente a sua qualidade interna (Feltran *et al.*, 2004). Os produtos do tipo batata frita/chips constituem a maior parte das batatas congeladas vendidas globalmente aos restaurantes. Trata-se de batatas frescas que são descascadas, cortadas, escaldadas e congeladas antes de serem expedidas (McCain, 2023). O teor de amido do tubérculo é tido em conta no processo de extração do amido. Este amido pode ser utilizado como componente em produtos farmacêuticos e industriais (Bayer Crop Science, 2008).

A baixa produção de batata irlandesa pode ser atribuída a condições climáticas adversas, declínio da fertilidade do solo devido ao cultivo contínuo sem reposição adequada de nutrientes, práticas agronómicas pobres, uso de variedades de baixo rendimento, sementes de má qualidade, bem como a alta ocorrência de doenças como a podridão castanha e a requeima, e pragas de insectos, especialmente a traça do tubérculo da batata (Kaguongo *et al.*, 2008; Janssens *et al.*, 2013). Os nutrientes mais limitantes nos solos do Condado de Uasin Gishu são o azoto, o fósforo, o cálcio e o magnésio (NAAIAP, 2014). Embora o K seja considerado suficiente nos solos do Condado de Uasin-Gishu, a batata consome mais K do que N, P, Ca e Mg combinados durante o seu período de crescimento (Yara, 2022). Além disso, não houve consenso sobre os níveis críticos de K nos solos para a batata (Malakouti *et al.*, 1993; Rosen *et al.*, 1996; Allison *et al.*, 2001). No entanto, de acordo com Pervez *et al.*, (2013), os agricultores em áreas onde a batata é produzida estão mais preocupados com a utilização de azoto (N) e fósforo (P), ignorando a aplicação de potássio. Foi, portanto, levantada a hipótese de que a adição de K nos solos da área de estudo poderia aumentar a produção de tubérculos.

1.2 Declaração do problema

A produção média de batata irlandesa no condado de Uasin Gishu é de 13,51 toneladas/ha, contra uma produção óptima de 41 toneladas/ha. Uma das razões para a baixa produção de batata irlandesa no condado foi a baixa fertilidade do solo, causada pela cultura contínua sem reposição adequada de nutrientes nos solos. Os solos do condado eram deficientes em N, P, Ca e Mg. As recomendações de fertilizantes na região baseavam-se principalmente em dois elementos, N e P. O potássio, embora considerado suficiente nestes solos, é conhecido por aumentar o rendimento e a qualidade da batata irlandesa, mas há uma lacuna de conhecimento sobre a nutrição K para a batata em solos ácidos de Uasin Gishu no Quénia. A análise da margem bruta baseada na aplicação de fertilizantes K na batata também não foi bem estabelecida no Condado.

1.3 Justificação do estudo

A batata irlandesa é a segunda cultura alimentar mais importante no Quénia, a seguir ao milho. É uma cultura estratégica para a segurança alimentar devido ao seu elevado valor nutricional e à sua adaptação a várias condições ecológicas (Kaguongo *et al.*, 2013). A batata irlandesa tem uma vasta gama de utilizações, nomeadamente: ingredientes alimentares; como vegetal fresco para cozinhar em casa; como alimento para animais; como matéria-prima para as indústrias alimentar, de amido, de álcool e de sementes (Myers, 2011).

Cada uma destas utilizações exige determinados parâmetros de qualidade e de qualidade dos tubérculos. O potássio desempenha um papel importante no rendimento e na qualidade dos tubérculos. O K está envolvido em processos fisiológicos como a manutenção da turgidez celular, a síntese de ATP, amido e vitamina C, e a redução do escurecimento após a cozedura (Marschner 2012; Praeger *et al.*, 2009; Hamouz *et al*, 2009; Matthäus e Haase, 2014; Wang *et al.*, 2013; Subramanian *et al.*, 2011; Marschner, 2012; Römheld e Kirkby 2010) Além disso, o potássio influencia positivamente a capacidade de armazenamento da batata, aumentando seu prazo de validade (Pobereżny e Wszelaczyńska, 2011). No entanto, há um desafio persistente em determinar a taxa correta e a fonte de fertilizante de potássio para um alto rendimento e qualidade dos tubérculos, pois não há informações suficientes sobre o nível crítico de potássio no solo para a produção de batata (Li *et al.*, 2015).

A taxa de pobreza no condado de Uasin Gishu é de 44,6% e a prevalência de insegurança alimentar da sua população é de 10% (MoALF 2017). Este facto pode ser atribuído à dependência excessiva do milho, que tem um longo período de maturação e preços de mercado instáveis. A batata pode aumentar a segurança alimentar e o rendimento neste condado devido à sua curta maturidade e maior produção por hectare, pelo que é necessário melhorar a sua produtividade e a qualidade dos tubérculos através de intervenções agronómicas.

1.4 Objetivo(s) do estudo

1.4.1 Objetivo geral

Melhorar o rendimento e a qualidade dos tubérculos de batata irlandesa através de uma melhor utilização dos nutrientes das plantas.

1.4.2 Objectivos específicos

i.   Determinar os efeitos de diferentes fontes e taxas de fertilizante potássico no rendimento e na qualidade da batata irlandesa

ii. Para determinar a margem bruta devido à aplicação de diferentes fontes e taxas de fertilizante potássico na batata irlandesa.

1.5 Hipóteses (H)$_1$

1) Diferentes fontes e taxas de fertilizantes potássicos terão efeitos variáveis no rendimento e na qualidade dos tubérculos de batata-doce irlandesa.

2) A aplicação de fertilizantes potássicos conduzirá a um aumento do rendimento global dos produtores de batata.

CAPÍTULO DOIS

REVISÃO DA LITERATURA

2.1 Requisitos botânicos e ecológicos para a produção de batata na Irlanda

A batata-inglesa (Figura 1) é uma planta herbácea que atinge uma altura de 40-140 cm (Spooner e Knapp 2013). Os caules são roxos, verdes ou mosqueados de roxo e verde. Tem folhas pinadas (Spooner e Knapp 2013; Struik 2007). Produz estolhos a partir dos quais incham tubérculos ovóides ou esféricos (Struik 2007). A pele do tubérculo pode ser de cor amarela, branca, bronzeada, azul ou vermelha, enquanto a polpa varia entre amarelo, branco e azul (Spooner e Salas 2006). As superfícies dos tubérculos têm gemas axilares, conhecidas como olhos, que se desenvolvem em caules que formam a próxima geração vegetativa quando os tubérculos são plantados (Struik 2007). Têm inflorescências ramificadas que podem conter até 25 flores. A corola das flores varia entre vermelho-púrpura, azul, branco, lilás, rosa e púrpura (Spooner e Knapp 2013) e as pétalas fundem-se para formar uma flor tubular (Sleper e Poehlman 2006). Tem cinco fases de crescimento, nomeadamente: desenvolvimento do rebento, crescimento vegetativo, iniciação do tubérculo, aumento do volume do tubérculo e maturação (MoALF/SHEP PLUS 2019).

Figura 1: Partes da planta de batata (a) planta de batata (http://cipotato.org/potato/how-potato-grows/) (b) partes vegetativas da batata na fazenda UoE (c) tubérculos de batata na fazenda UoE (d) olhos de tubérculos de batata da fazenda UoE. UoE - Universidade de Eldoret.

A batata cresce bem em altitudes entre 1500 e 3000 metros acima do nível do mar, com uma temperatura média diária de 15-24($^{\circ}$ C) e uma precipitação média anual de 1200-1800mm. Também se dá bem numa variedade de tipos de solo, mas normalmente dá-se melhor em solos franco-argilosos, como os argilosos e os limosos, com matéria orgânica suficiente. Os solos devem ser profundos e bem drenados, com um pH de 5,5-7,0 (NPCK, 2021).

2.2. Papel do potássio na fisiologia das plantas

O potássio é um nutriente muito importante necessário para o desenvolvimento das plantas, uma vez que desempenha um papel crítico em muitos processos fisiológicos. Devido à sua natureza osmótica, o potássio é conhecido por desempenhar um papel importante no controlo da polarização da membrana, da atividade enzimática e da homeostase catião-anião nas plantas. Isso resulta em movimento estomático, extensão celular e regulação do turgor (Adam e Shin 2014). O potássio é necessário em suprimento adequado para o desenvolvimento da área foliar e para a produção de alta biomassa na batata (Jákli *et al.* 2016). O potássio é também vital na fotossíntese, uma vez que controla o movimento dos estomas, que é necessário para a absorção de grandes quantidades de dióxido de carbono (Zörb *et al.*, 2014). As plantas de batata deficientes em potássio apresentam uma redução significativa na taxa de assimilação líquida de dióxido de carbono (Koch *et al.* 2019a). O potássio está também envolvido na translocação dos fotossintatos através do floema (Zörb *et al.*, 2014), pelo que a sua deficiência levaria à acumulação de sacarose nas folhas, reduzindo assim a taxa de fotossíntese (Koch *et al.* 2019a). Marschner (1995) descobriu que o potássio também aumenta a síntese de proteínas e a absorção de nitrogênio, o que resulta em melhor crescimento da folhagem, enquanto Mehdi et al. (2007) e Zekri *et al.* (2009) descobriram que o potássio mantém o potencial osmótico nas células vegetais, o que aumenta a eficiência do uso da água e aumenta a permeabilidade da raiz. No entanto, Marton, (2001) e Saha *et al.* (2001) referiram que o índice de área foliar e a folhagem aumentam com a aplicação combinada de potássio e azoto. Com base nestas funções, o potássio desempenha um papel crítico na síntese de amido e no aumento da produção de tubérculos.

2.3 Efeitos do adubo potássico no crescimento e no rendimento da batata irlandesa

A altura da planta da batata, o número de folhas por planta e o rendimento comercial dos tubérculos são significativamente afectados pelo potássio. O aumento do nível de potássio aumenta o rendimento dos tubérculos (El-Gamal, 1985; Humadi, 1986). Um fornecimento inadequado de potássio resulta em tubérculos de tamanho pequeno (Westennann, 2005). Al-Moshileh & Errebi 2004 relataram que o potássio aumenta o teor de açúcar redutor, o que eventualmente leva ao aumento do tamanho do tubérculo. A pulverização foliar SOP + 1% K registou um rendimento mais elevado de 17,18 toneladas ha^{-1} a uma taxa de K de 150 kg ha^{-1} enquanto a pulverização foliar MOP + 1% K registou um rendimento mais elevado de 16,9 toneladas ha^{-1} a uma taxa semelhante. De acordo com Khan *et al.*, 2012, o fertilizante K fornecido como MOP ou SOP aumentou significativamente o rendimento dos tubérculos de batata a uma taxa de 150 kg ha^{-1} , no entanto, o MOP contribuiu mais para o aumento do rendimento dos tubérculos comercializáveis em comparação com o SOP. Em contraste, Bansali & Trehan (2011), relataram um aumento na produção de tubérculos em plantas tratadas com SOP em comparação com as tratadas com MOP. Os autores relataram ainda que as plantas tratadas com SOP translocaram mais fotossintatos das folhas e caules para os tubérculos em comparação com as tratadas com MOP.

Numa experiência de campo conduzida por Saqib *et al.*, 2019, em solos com nível inicial de potássio de 57,1 mg Kg^{-1} e pH de 7,64, a aplicação suplementar de K aumentou significativamente o número de tubérculos pequenos, médios e grandes por planta, sendo o seu ótimo alcançado à taxa de 75kg K ha^{-1} . Ele também mencionou que a taxa mais alta de aplicação de K (100 kg ha^{-1}) diminuiu o número de tubérculos. Tawfik (2001), ao contrário, observou em um experimento de campo sob irrigação por gotejamento em solo franco-arenoso que a alta taxa de K de 120 kg Fed^{-1} em comparação com a baixa taxa de K de 60 kg Fed^{-1} aumentou o rendimento de tubérculos médios (28-60 mm) em 15% e o de tubérculos grandes (>60mm) em 40%. A partir de um experimento de campo no Brasil conduzido por da Costa Mello *et al.*, 2018, foi estabelecido que tanto a fonte de K como MOP e SOP aumentaram significativamente o rendimento de tubérculos comercializáveis, tamanho médio (33-42 mm) e tamanho grande (42-70 mm) tubérculos com fonte de K como SOP dando os maiores rendimentos para todos (24,9 toneladas / ha de rendimento de tubérculos comercializáveis). A taxa de K de 187 kg/ha deu o rendimento ótimo, independentemente da fonte de K. Em contraste, o mesmo autor relatou que os fertilizantes MOP e SOP não tiveram efeito significativo no rendimento do tubérculo de batata durante o inverno, mesmo em um local com menor nível inicial de K no solo de 43 mg kg^{-1} , o que implica que, além da nutrição da cultura, as condições climáticas durante um período de crescimento da cultura desempenham um grande papel no aumento do rendimento da cultura. Schepers *et al.*, 2015 relataram que a qualidade e a produtividade dos tubérculos de batata podem ser melhoradas durante períodos de stress, como o inverno, através da irrigação, uma vez que a incidência de doenças como o míldio tardio e a murcha bacteriana é mínima.

Bansal & Trehan (2011) revelaram que a aplicação de K leva a um aumento da absorção de nutrientes, da fotossíntese e do fluxo de assimilados, aumentando assim a produção de açúcar e proteínas, o que resulta num aumento do número e do tamanho dos tubérculos. Kang *et al.*, (2014) indicaram que a batata pode absorver mais K do que a sua necessidade óptima. Assim, a batata pode ter um consumo luxuoso de K.

No Quénia, existe uma lacuna de conhecimento sobre os efeitos de diferentes fontes de K na produção de tubérculos e atributos de produção em condições ecológicas variáveis.

2.4 Efeito do potássio na qualidade da batata-inglesa

A qualidade na produção de batata é uma caraterística com muitas caraterísticas que é influenciada pelo uso pretendido do produto final (Gerendás e Führs 2013). A batata pode ser utilizada de várias formas, tais como a transformação em batatas fritas e chips, consumida como um vegetal fresco, produção industrial de amido e farinha, e como alimento para animais. Cada utilização tem um requisito de qualidade específico (Brazinskiene *et al.* 2014). A qualidade dos tubérculos é grandemente afetada pelo potássio (Marschner 2012). A aplicação de fertilizantes potássicos afecta parâmetros de qualidade como a gravidade específica, a matéria seca, o teor de vitamina C, o teor de amido, o teor de cinzas e a textura (Khan *et al.* 2012).

2.4.1 Sólidos solúveis totais (SST)

A baixa concentração de açúcares solúveis (frutose + glucose) é desejável para as indústrias de transformação de batata. Quando se fritam as batatas, os açúcares solúveis escurecem, tornando os tubérculos mais doces e, consequentemente, diminuindo a qualidade das batatas fritas. Sob baixos níveis nutricionais de potássio, observa-se uma coloração escura nas batatas fritas como resultado da diminuição do amido do tubérculo e da acumulação de sólidos solúveis (Khan *et al.*, 2012; Perrenoud 1993). Níveis mais elevados de SST do tubérculo podem levar ao escurecimento das batatas fritas durante a fritura (Cummings & Wilcox, 1968). O intervalo aceitável de sólidos solúveis totais em tubérculos de batata é de 0,3 - 0,6% (Lisińska *et al.*, 2009).

Numa experiência de campo de longo prazo realizada na Rússia por Yakimenko & Naumova (2018), em Haplic Luvisol com duas cultivares, foi relatado que o aumento da taxa de aplicação de K diminuiu os sólidos solúveis totais dos tubérculos, mas a taxa de diminuição dependia da cultivar. A taxa mais alta de 150kg K/ha levou a uma redução de cerca de 37% nos SST dos tubérculos para a cultivar *Rosara* e 30% para a cultivar *Roco*. Em geral, a fonte de K como SOP reduziu o teor de SST mais do que a MOP. Hannan *et al.*, (2011) também indicaram que o aumento da taxa de aplicação de K até 237 kg/ha reduziu a concentração de TSS. A concentração de SST na batata também depende da textura do solo. da Costa Mello *et al.*, (2018) relataram que, quando a umidade não é limitante no solo, os tubérculos de batata não tratados com K tinham um teor de SST de 4,1% em solos arenosos, enquanto a aplicação de 62, 187 e 249 kg K / ha na forma de SOP aumentou significativamente o teor de SST do tubérculo em 0,2-0,3%. Os tubérculos fornecidos com MOP a taxas semelhantes de K tinham um teor de SST semelhante ao dos tubérculos não fornecidos com fertilizante K. Em contrapartida, o mesmo autor relatou um teor mais elevado de SST em tubérculos de batata cultivados em solos de areia argilosa e, independentemente da fonte de K, taxas mais elevadas de K reduziram os SST dos tubérculos até 0,2% em comparação com o controlo de 0K. Feltran *et al.,* (2004) relataram níveis de sólidos solúveis totais de 3,9% a 6,9% no Brasil para vários genótipos de batata.

2.4.2 Acidez titulável

A concentração total de ácidos nos alimentos é medida pela acidez titulável. Os ácidos orgânicos como o cítrico, o acético, o málico, o tartárico e o lático constituem a maior parte dos ácidos alimentares. No entanto, os ácidos inorgânicos carbónico e fosfórico desempenham frequentemente um papel vital na acidulação dos alimentos. Os ácidos orgânicos disponíveis nos alimentos determinam a cor, a manutenção da qualidade, o sabor e a estabilidade microbiana dos alimentos (Tyl & Sadler 2017).

De acordo com Lisińska *et al.,* (2009), os tubérculos de batata têm uma gama de 0,2 - 1,0% de ácidos tituláveis. Ferandes *et al.,* (2015) relataram uma faixa de 0,15 - 0,19% de acidez titulável para duas variedades. Eles demonstraram que a quantidade de ácidos orgânicos do tubérculo pode ser reduzida por uma maior disponibilidade de fósforo, portanto, a baixa fertilização com fósforo pode levar a altos níveis de acidez titulável do tubérculo.

A aplicação de potássio leva a um aumento do ácido cítrico, que ajuda a reduzir o escurecimento pós-cozedura e as nódoas negras causadas por pontos negros. (McNabnay *et al.* 1999, Wang-Pruski e Nowak 2004). Naumann *et al.,* 2020 relataram uma correlação positiva entre o teor de ácido cítrico e o teor de potássio. Nas plantas, o Fe é transportado pelo ácido cítrico, uma vez que actua como uma ligação para os iões férricos.

2.4.3 Matéria seca

A matéria seca dos tubérculos é importante para os transformadores, uma vez que está diretamente relacionada com a recuperação do produto acabado. Quando a matéria seca é elevada, a gravidade específica também é elevada. Tubérculos com alta matéria seca são preferidos para a preparação de batatas fritas e batatas fritas (Bista & Bhandari 2019), pois garantem menor absorção de óleo durante a fritura, levando a um menor uso de óleo por unidade de produto (da Costa Mello *et al.*, 2018). O teor de matéria seca do tubérculo varia entre 21 - 25% para batatas para produção de chips (Lisińska *et al.,* 2009). A matéria seca da batata é responsável por determinar a textura dos produtos crus e cozidos (Thygesen *et al.*, 2001).

A aplicação de potássio aumenta a matéria seca dos tubérculos (Mondy & Munshi, 1993), estimulando a enzima amido sintase e incorporando a glucose nas moléculas de amido (Mengel & Kirkby 1987). Como o potássio aumenta o teor de água dos tubérculos, pode reduzir a percentagem de matéria seca, especialmente durante o consumo de luxo de potássio pela cultura (Perrenoud 1993). De acordo com Schilling *et al.*, (2016), o potássio representa cerca de 1,7% da matéria seca nos tubérculos de batata, uma vez que o K tem a maior concentração nos tubérculos de batata em comparação com os outros macronutrientes (White *et al.* 2009). Wilmer *et al.,* 2022, relataram que a SOP reduziu o teor de matéria seca em 5% - 10% em comparação com a MOP, que reduziu o teor de matéria seca em 13% - 16%. Os resultados da investigação mostram que a SOP aumenta mais a percentagem de matéria seca em comparação com a MOP (Yakimenko & Naumova 2018; Manolov *et al.,* 2016; Barczak *et al.,* 2013; Kumar *et al.,* 2007). (2018) relataram que tanto a SOP quanto a MOP melhoraram o teor de matéria seca do tubérculo na mesma magnitude. Young 2009 observou que o K como SOP está prontamente disponível para as plantas, permitindo assim que os fotossintatos sejam translocados mais rapidamente para os tubérculos a partir das folhas e caules, aumentando assim o teor de matéria seca dos tubérculos.

2.4.4 Teor de amido

O amido forma 65-80% da matéria seca do tubérculo, portanto, tanto o amido do tubérculo como a matéria seca são utilizados na determinação da textura dos tubérculos de batata (Feltran *et al.*, 2004). Geralmente, os tubérculos com maior teor de amido e matéria seca apresentam maior resistência à força externa (Koch *et al.*, 2019). De acordo com Lisińska *et al.*, (2009), o teor de amido das batatas para a produção de batatas fritas varia entre 16 - 20%.

O potássio é necessário para a ativação da sintase do amido, que é uma enzima necessária para a síntese de amido (Naumann *et al.*, 2019), pelo que o défice pode dificultar a formação de amido (Subramanian *et al.* 2011). De acordo com Koch *et al.* (2019a), houve uma redução significativa no rendimento de amido (g de amido planta^{-1}) em plantas de batata com deficiência de K, no entanto, isso não mostrou redução significativa na concentração de amido (% em DW). A aplicação moderada de fertilizantes potássicos aumenta o teor de amido dos tubérculos, ao contrário dos tubérculos que recebem fertilizantes com baixo teor de potássio (Baniuniene & Zekaite, 2008). As aplicações de potássio, na maioria das experiências, correlacionam-se positivamente com o teor de amido dos tubérculos. Para uma concentração elevada de amido, é necessário cerca de 1,8 % de potássio na matéria seca do tubérculo (Bansali & Trehan, 2011). No entanto, a aplicação excessiva de K pode reduzir o teor de amido nos tubérculos de batata (Baniuniene & Zekaite, 2008). No entanto, observou-se que, quando se aplica K em excesso, a MOP reduz mais o teor de amido dos tubérculos do que a SOP (Wilmer *et al.*, 2022).

Em ambos os estudos de campo e de estufa, Manolov *et al.*, (2016), demonstraram que o tratamento SOP da batata dá maior teor de amido em comparação com MOP. Pelo contrário, Khan *et al.*, (2012), observaram que o teor de amido dos tubérculos não foi afetado pela fertilização com K como MOP. O teor de amido do tubérculo diminuiu ligeiramente com o aumento da taxa de fertilizante de potássio em solos podzólicos argilosos (Konova *et al.*, 2016), no entanto, este não foi o caso em solos podzólicos argilosos pesados, uma vez que o teor de amido do tubérculo não foi afetado pelo aumento da taxa de fertilizante de potássio (Mikhailova *et al.*, 2013). A partir do seu estudo de campo, Yakimenko & Naumova (2018) relataram que o teor de amido do tubérculo não foi afetado pela fertilização com potássio, o que concordou com as conclusões de (Westermann *et al.*, 1994; Sharma *et al.*, 2011) de experiências sob aplicação de fertilizantes semelhantes.

2.4.5 Vitamina C

A vitamina C é uma vitamina essencial (Hamouz *et al.* 2009). Nos tubérculos de batata, é o antioxidante mais abundante (Aversano *et al.*, 2017), com uma concentração de 10 - 30 mg/100g (Lisińska *et al.*, 2009), impactando positivamente a saúde humana devido à sua capacidade antioxidante (Delgado *et al.* 2001). O conteúdo de vitamina C é um atributo vital da qualidade do tubérculo de batata, pois facilita a produção de colagénio que ajuda na absorção de ferro (Khan *et al.*, 2012), portanto, é necessário o conhecimento da fonte de fertilizante de potássio, aplicação e seu efeito no conteúdo de vitamina C.

Smith & Smith, (1977), descobriram que a aplicação de fertilizante potássico a uma taxa de 50 kg ha^{-1} aumentou o conteúdo de vitamina C, enquanto 100 kg ha^{-1} não teve efeito, enquanto taxas de 150 kg ha^{-1} e mais baixaram-no. O teor de vitamina C aumentou em 14,7% e 10,8%, respetivamente, com a aplicação de MOP e SOP a uma taxa de 150 kg ha^{-1} de K (Smith & Smith, 1977). Os tubérculos tratados com KCl numa experiência em vaso tinham um nível mais baixo de vitamina C em comparação com os tratados com K_2SO_4 (Smith & Smith, 1977). Os resultados de Wilmer *et al.* (2022) mostraram que os tubérculos tratados com K como MOP registaram um teor de vitamina C 5 mg/100g inferior, com base no peso fresco, em comparação com SOP. A taxa óptima de 150 kg de K/ha aumentou significativamente o teor de vitamina C, enquanto taxas mais elevadas de K para SOP não afectaram o teor de vitamina C (Khan *et al.*, 2012). De acordo com Manolov *et al.*, 2015, a fertilização com KCl a uma taxa de 200-600 mg K/ kg de solo e superior reduz a concentração de vitamina C em 46% a 50%. A aplicação de 150 kg de K ha^{-1} sob a forma de MOP é suficiente para melhorar o teor de vitamina C. Doses mais elevadas de potássio (>150 kg ha-^{1}) tendem a diminuir o teor de vitamina C (Khan *et al.* 2010; Smith & Smith, 1977). Hamouz *et al.*, (2007) descobriram que a baixa precipitação e as altas temperaturas podem aumentar o teor de vitamina C. Em geral, a concentração de vitamina C nos tubérculos de batata sob fertilização com K é variável, dependendo do genótipo, das condições edáficas e ambientais (Hamouz *et al.*, 2009; Samaniego *et al.*, 2020 e Wilmer *et al.*, 2022).

2.4.6 Textura dos tubérculos de batata

A textura da batata é vital para lidar com as tensões mecânicas que podem surgir durante a colheita, o transporte e o armazenamento dos tubérculos. Está relacionada positivamente com a matéria seca, o amido e a gravidade específica (Thygesen *et al.*, 2001; da Costa Mello *et al.*, 2018). É um atributo de qualidade vital, pois está relacionado com a resistência do tubérculo (cru e processado) a uma força aplicada. Tubérculos com maior concentração de matéria seca e amido apresentam maior resistência contra uma força aplicada (Koch *et al.*, 2019).

De acordo com Wilmer *et al.*, (2022), a fertilização potássica não afetou a textura do tubérculo, mas foi afetada pelos efeitos da cultivar. Foi ainda relatado que ambas as fontes de K (MOP ou SOP) não tiveram efeito significativo no aumento da textura do tubérculo, em um experimento de campo conduzido no Brasil (da Costa Mello *et al.*, 2018). No entanto, o mesmo autor relatou que, independentemente da fonte de K, taxas mais baixas de K de 62 e 124 kg / ha de K melhoraram a estrutura do tubérculo de batata, de modo que uma força extra de 1,3 - 1,6 Newtons teve que ser aplicada para penetrar nos tubérculos fornecidos com os dois níveis de K.

É necessário um estudo pormenorizado para compreender a interação entre a textura dos tubérculos de batata e a fonte e taxa de potássio.

2.5 Análise da margem bruta da produção de batata

Kay *et al.,* (2012) afirma que a importância económica da produção de tubérculos devido ao nível de aplicação de potássio é calculada utilizando a análise da margem bruta. O rendimento ajustado do tubérculo multiplicado pelo preço médio por unidade dá a receita bruta. A soma de todos os custos variáveis de um tratamento específico em comparação com o controlo dá o custo variável total. Subtraindo o custo variável total da receita bruta, obtém-se a margem bruta. Baranchuluun *et al.,* (2014) afirmaram que as abordagens de adaptação são frequentemente avaliadas através da análise de custo-benefício. A análise de custo-benefício é expressa em termos monetários e compara e avalia todos os custos e benefícios dos impactos sociais, ambientais e económicos negativos e positivos das abordagens de adaptação. Muito não foi feito para compreender o efeito económico da fonte de K na produção de tubérculos de batata.

A partir da revisão da literatura anterior, as áreas de lacuna que este estudo aborda são: compreender o efeito da fonte e da taxa de potássio no rendimento dos tubérculos; atributos do rendimento dos tubérculos de acordo com as classes baseadas no tamanho do diâmetro; qualidade dos tubérculos em termos de atributos nutricionais e o efeito económico da fertilização com potássio na produção de batata irlandesa.

CAPÍTULO TRÊS

METODOLOGIA

3.1 Descrição do local de estudo

A experiência de campo foi efectuada na quinta de investigação da Universidade de Eldoret, no condado de Uasin Gishu. O local foi selecionado para representar uma zona de produção de altitude média. Situa-se entre a latitude 0° 574942' N e a longitude 35° 300772' E e está a uma altitude de 2.154 metros acima do nível do mar. A área tem uma precipitação média anual de 1250 mm e uma temperatura média de 16,8° C. Os solos do sítio experimental são ferralsols (Jaetzold *et al.,* 2009a). Durante o período de estudo, a região registou uma precipitação de 91,52 mm e uma temperatura média de 17,40° C entre agosto e dezembro de 2020 e uma precipitação de 150,80 mm e uma temperatura média de 17,00° C entre junho e setembro de 2021 (Figura 2; anexo I).

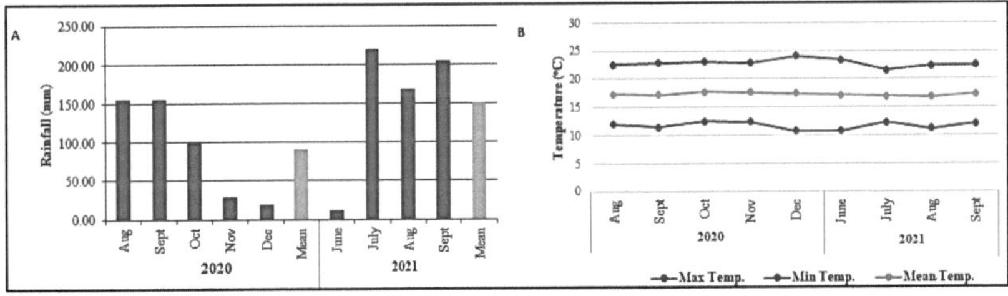

Figura 2: Precipitação média mensal em mm (A) e temperatura mínima (min), máxima (max) e média em° C (B) durante o período de chuvas curtas de 2020 e o período de chuvas longas de 2021.

Foi efectuada uma análise inicial do solo para determinar a sua composição química e para o classificar (quadro 1). O solo do local foi considerado adequado para a cultura da batata. O pH do solo e o K permutável estavam dentro dos limites exigidos para a cultura da batata. O N total era ligeiramente baixo, enquanto o P disponível era muito baixo. O solo foi classificado como argilo-arenoso (quadro 1).

Tabela 1: Análise e classificação inicial do solo

Parâmetros	Resultados	Gama recomendada
pH (H_2 O)	5.71	5.50 - 7.20
Total N (%)	0.18	0.20 - 0.50
P disponível (ppm)	17.60	40.00 - 100.00
K permutável (ppm)	448.50	289.00 - 660.00
C orgânico (%)	2.04	3.00 - 8.00
Textura		
Areia (%)	51	
Silte (%)	2	
Argila (%)	47	
classe textural	**argila arenosa**	

3.2 Tratamentos e conceção experimental

i) Fontes de potássio

Foram utilizadas duas fontes de potássio: MOP-Muriato de potássio (KCl) e SOP-Sulfato de potássio (K_2 SO_4). Os adubos que contêm potássio utilizados na agricultura são geralmente designados por potassa. Os sais que continham cloreto eram designados pelo antigo nome de muriato. O MOP é o adubo K mais utilizado devido ao seu elevado teor de K, entre 50 - 52%, que também é expresso como 60 - 63% K_2 O, e ao seu custo relativamente baixo. A MOP contém 45 - 47% de cloreto (Cl$^-$) e dissolve-se rapidamente na água do solo (NSS-03 PotassiumChloride.pdf (ipni.net)). A SOP é uma excelente fonte de nutrição para as plantas, pois fornece potássio (40 - 44% K ou 48 - 53% K_2 O) e enxofre (17 - 18%), que às vezes é deficiente para o crescimento da planta, mas é necessário para a função enzimática e a síntese de proteínas. O SOP é apenas um terço tão solúvel quanto o MOP (NSS-05 Potassium Sulfate.pdf (ipni.net)).

ii) Taxas de potássio

Taxas de 0, 60, 120, 180 e 240 kg K ha^{-1} foram utilizadas na plantação durante a primeira época; enquanto taxas de 0, 30, 60, 90, 120 e 180 kg K ha^{-1} foram utilizadas durante a segunda época. As taxas adicionais durante a segunda época destinavam-se a permitir uma melhor compreensão da influência do K nos parâmetros estudados.

iii) Variedade de batata

A variedade *Destiny* foi utilizada devido à sua utilização industrial para batatas fritas de pacote e à sua resistência moderada ao míldio. É uma variedade de maturação precoce com um potencial de rendimento de cerca de 30 - 40 toneladas/ha e um teor potencial de matéria seca de 24% (NPCK, 2021). Foram utilizados tubérculos de semente certificados de 24-45mm de diâmetro com 4-5 rebentos cada. As sementes foram colocadas nos sulcos com o lado do rebento virado para cima e foram completamente cobertas para evitar queimaduras solares.

iv) Conceção

Os tratamentos foram dispostos num esquema de blocos completos aleatórios num arranjo fatorial 2x5 na época 1 e 2x6 na época 2. Os tratamentos foram repetidos três vezes. O tamanho da parcela foi de 4,5 m x 3,6 m e o espaçamento entre culturas foi de 75 cm x 30 cm.

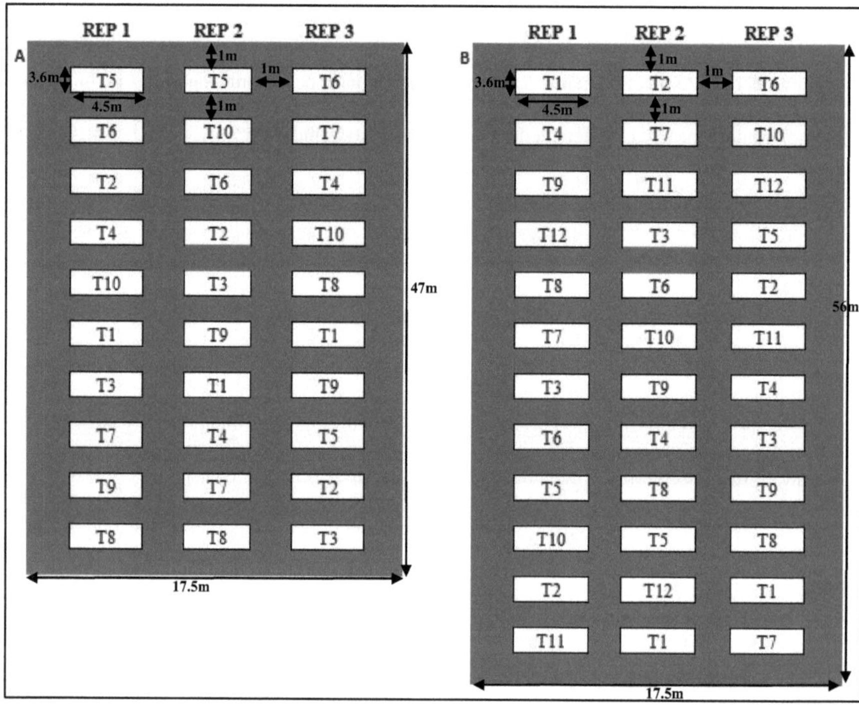

Figura 3: Esquema do ensaio de campo (A) época 1 (B) época 2 com três réplicas

T1 = 0kg K/ha (MOP), T2 = 60kg K/ha (MOP), T3 = 120kg K/ha (MOP), T4 = 180kg K/ha (MOP), T5 = 240kg K/ha (MOP), T6 = 0kg K/ha (SOP), T7 = 60 kg K/ha (SOP), T8 = 120 kg K/ha (SOP), T9 = 180 kg K/ha (SOP), T10 = 240 kg K/ha (SOP) (época A 1) T1 = 0 kg K/ha (MOP), T2 = 30kg K/ha (MOP), T3 = 60kg K/ha (MOP), T4 = 90kg K/ha (MOP), T5 = 120kg K/ha (MOP), T6 = 180kg K/ha (MOP), T7 = 0kg K/ha (SOP), T8 = 30kg K/ha (SOP), T9 = 60kg K/ha (SOP), T10 = 90kg K/ha (SOP), T11 = 120kg K/ha (SOP), T12 = 180kg K/ha (SOP) (época B 2)

Chave:

--- percurso pedestre entre parcelas

O local de experimentação era homogéneo.

3.3 Cultura e recolha de dados

3.3.1 Culturas agrícolas

A terra foi lavrada com uma charrua de disco e depois gradeada até obter um solo fino. A plantação de sementes certificadas de batata foi efectuada com um espaçamento de 75cm por 30cm em parcelas de 4,5m por 3,6m. Nitrogénio 173,9 kg ha^{-1} foi aplicado em duas partes sob a forma de ureia, metade da taxa na plantação e metade da taxa durante a terraplanagem. Fósforo, 224,9 kg P O_{25} ha^{-1} foi aplicado como dose basal na forma de Super Fosfato Triplo. A monda começou quando as batatas estavam acima do solo. O amontoado de terra foi feito à medida que as batatas cresciam, com o cume final a atingir uma altura de 25 cm para permitir o desenvolvimento adequado dos tubérculos. As culturas foram vigiadas quanto à presença de pragas e doenças, tendo sido aplicado o inseticida acetamipride (shotgun) para a gestão de pragas e o fungicida famoxadone-cymoxanil (equation pro) para a gestão de infecções fúngicas.

3.3.2 Recolha de dados

Os testes laboratoriais dos parâmetros de qualidade dos tubérculos foram efectuados no laboratório da Escola de Agricultura da Universidade de Eldoret e no Laboratório de Ciências Alimentares da Universidade Jomo Kenyatta de Agricultura e Tecnologia (JKUAT). Foram recolhidos dados sobre os seguintes parâmetros:

a.) Composição química do solo: foi determinada através de amostragem do solo antes da plantação e subsequente análise exaustiva do solo em laboratório, utilizando os protocolos de Okalebo *et al.*, (2002). Foram determinados o pH do solo, o carbono orgânico do solo, o azoto total do solo, o fósforo disponível no solo e o potássio total. Foi também efectuada uma análise hidrométrica para a classificação do solo como areia/silte/argila. A medição baseia-se nos efeitos de diferentes velocidades de sedimentação de partículas numa coluna de água. A velocidade de sedimentação é uma função da viscosidade, da temperatura do líquido e da gravidade específica da partícula em queda (Okalebo *et al.*, 2002).

b.) Produção de tubérculos: Foram colhidas quatro filas interiores das seis filas. Foi efectuada uma contagem para determinar o número total de plantas nas quatro linhas interiores. Os tubérculos frescos foram escavados na fase de colheita, limpos e o rendimento registado em kg/planta. Isto foi então apresentado como rendimento total e comercializável de tubérculos em kg ha^{-1} .

c.) Atributos de rendimento dos tubérculos:

Os tubérculos frescos foram escavados na fase de colheita e limpos. A classificação foi efectuada relativamente ao tamanho do diâmetro em mm como parâmetro de atributo de rendimento, de acordo com as orientações do KEPHIS (2016) (Figura 4). O número total de tubérculos em cada grau foi registado e o peso dos tubérculos em cada grau foi registado em toneladas/ha.

i.) **Chatos**: Tubérculos com diâmetro <28mm
ii.) **Calibre I**: Tubérculos com diâmetro de 29-45mm
iii.) **Calibre II**: Tubérculos com um diâmetro de 46-60 mm
iv.) **Ware**: Tubérculos com diâmetro >61mm
v.) **Tubérculo comercializável**: Soma

Figura 4: Classificação de tubérculos de batata (a) chats (b) tamanho I (c) tamanho II (d) ware (e) tabelas de classificação personalizadas (f) diretrizes de classificação de tubérculos pelo KEPHIS 2016

d.) Qualidade dos tubérculos

i.) Sólido Solúvel Total (SST)

Foram colhidos sete tubérculos por tratamento, descascados e depois triturados num misturador elétrico e, em seguida, o líquido foi filtrado da polpa. O SST foi medido colocando duas gotas do líquido num refratómetro de mão. Os valores foram lidos diretamente como % brix.

ii.) Acidez titulável

Foram colhidos sete tubérculos por tratamento, descascados e depois misturados num misturador elétrico. Seis gramas da amostra misturada foram diluídos com água destilada até à marca de 50 ml num balão volumétrico e titulados com NaOH 0,1M até um pH de 8,00. O volume de NaOH utilizado foi registado. A acidez titulável foi calculada utilizando a fórmula descrita por Paul *et al.,* (2021).

$$(\%)acid = \frac{[mls \; of \; NaOH \; used] \; x \; [0.1M \; NaOH] \; x \; [milliequivalent \; factor]}{Initial \; weight \; of \; sample \; (g)} x \; 100$$

Onde:

Fator de miliequivalente = 0,064 (ácido cítrico)

iii.) Matéria seca dos tubérculos

Foram colhidos e pesados cinco tubérculos por tratamento. Foram cortados e secos numa estufa a 75° C até se obter um peso constante. A fórmula de Agle e Woodbury (1968) foi utilizada para calcular a matéria seca expressa em percentagem.

$$Dry \; matter \; (\%) = \frac{Weight \; of \; sample \; after \; drying \; (g)}{Initial \; weight \; of \; sample \; (g)} x \; 100$$

iv.) Concentração de amido

Dez tubérculos por tratamento foram cortados em pedaços e liofilizados durante 4 dias. A humidade residual foi determinada numa subamostra da batata liofilizada como a diferença entre o peso da amostra liofilizada moída (farinha) e o da amostra seca no forno (a 105 ºC durante 12 horas). A concentração de amido foi determinada de acordo com o procedimento da norma n.º 123 da Associação Internacional para a Ciência e Tecnologia dos Cereais (ICC) e modificada de acordo com Koch *et al.* (2019). 25mL de ácido clorídrico a 1,124% (v/v) foram adicionados a 1g de farinha de batata num balão de 100ml e colocados num banho de água (100º C) durante 15 minutos, agitando-o durante os primeiros 8 minutos. O balão foi enchido com água destilada até 90 ml e arrefecido à temperatura ambiente. Adicionaram-se 5 ml de ácido tungstofosfórico a 10% (v/v), agitou-se e encheu-se o balão com água destilada até à marca dos 100 ml. As rotações ópticas da solução de amido foram medidas por meio de um polarímetro a 589 nm.

v.) Vitamina C (ácido ascórbico)

O teor de ácido ascórbico foi determinado utilizando o método microfluorométrico (A.O.A.C. 1980). Foram colhidos sete tubérculos por tratamento, descascados e depois misturados num misturador elétrico. Colocaram-se 5 g da amostra misturada num balão volumétrico e adicionaram-se 25 ml de ácido acético metafórico. A amostra foi então transferida para um balão volumétrico contendo 2 g de carvão ativado e agitada vigorosamente durante 2 minutos, após o que foi imediatamente filtrada, rejeitando as primeiras gotas. 5 ml da amostra e do filtrado padrão foram adicionados a um balão volumétrico de branco separado contendo 5 ml de solução de ácido bórico-acetato de sódio e deixados em repouso durante 15 minutos, agitando ocasionalmente. Estes foram designados como ensaios em branco e depois diluídos até à marca de 100 ml com água desionizada. Foram também adicionados 5 ml de cada amostra e filtrado padrão a um balão volumétrico separado contendo 5 ml de solução de acetato de sódio, diluídos até ao volume e designados por amostra e padrão. Transferir 2 ml de cada balão volumétrico para tubos de ensaio, adicionar 5 ml de solução de o-fenilenodiamina, agitar com um misturador vortex e deixar repousar durante 35 minutos à temperatura ambiente, ao abrigo da luz. A fluorescência do tubo padrão (C), do tubo branco padrão (B), do tubo de amostra (X) e do tubo branco de amostra (D) foi então medida utilizando um fotofluorómetro. O teor de ácido ascórbico (mg/100g) foi então calculado utilizando a fórmula:

$$Ascobic\ acid\ (mg/100g) = \frac{[av.X - av.D]}{[av.C - av.B]} \times (20 \times S \times \frac{V}{E})$$

Onde:
V = volume inicial
E = número de g, comprimidos, ml de amostra
S = concentração do padrão em mg/ml adicionado ao tubo de leitura
C = tubo standard
B = tubo standard em branco
X = tubo de amostragem
D = tubo do branco da amostra

vi.) Textura **dos tubérculos de batata**

Foi analisado com um analisador de textura em tubérculos armazenados a, pelo menos, 4 °C durante uma hora antes da análise. Foi expressa em newton (N). Foram utilizados 10 tubérculos por tratamento para avaliar a textura da batata inteira, enquanto 5 tubérculos por tratamento foram utilizados para avaliar a textura do caule e das extremidades dos gomos da batata. A medição foi efectuada com uma célula de medição de 5 kg a uma velocidade de 2 mm⁻ˢ . Os tubérculos foram penetrados a uma profundidade de 10mm por um carimbo de 5mm Ø. (Koch *et al.*, 2019)

e.) Determinação da margem bruta

A análise da margem bruta foi efectuada para determinar a rentabilidade da produção de batata-inglesa utilizando diferentes fontes e taxas de K. A seguinte fórmula foi utilizada para calcular a margem bruta, conforme aplicado por Choumbou *et al.*, (2015):

GM = TR - TVC

Onde:

GM = Margem bruta (Ksh/ha)

TR = Receita total (Ksh/ha)

TVC = Custo Variável Total (Ksh/ha)

Para este efeito, foram utilizados os rendimentos médios comercializáveis dos tubérculos. O preço médio da batata por tonelada foi considerado como Ksh. 20.000 a partir do preço de mercado prevalecente na altura do estudo. O preço de 1kg de SOP foi considerado como Ksh. 172.28 enquanto o preço de 1kg de MOP foi considerado como Ksh. 106.43. A produção média de tubérculos comercializáveis (toneladas/ha) × preço médio por tonelada de batata foi utilizada para calcular a receita bruta. A soma de todos os custos que eram variáveis entre o controlo e o tratamento específico foi utilizada para calcular o custo variável total. O custo variável total foi subtraído da receita bruta para calcular a margem bruta (Kay *et al.*, 2012).

3.4 Análise de dados

i) Dados de campo e de qualidade

A produção de tubérculos, os atributos de produção e os dados de qualidade dos tubérculos recolhidos foram submetidos a uma análise de variância (ANOVA) utilizando o software estatístico Genstat com um nível de significância de 5%. As médias foram comparadas utilizando o teste da diferença menos significativa protegida de Fisher.

O modelo estatístico utilizado foi:

$$Y_{ijk} = \mu + S_i + R_j + SR_{ij} + \epsilon_{ijk}$$

Onde;

μ = média global,

S_i = i[th] efeito da fonte K

$R = j_j$ [th] efeito da taxa K,

SR_{ij} = efeito de interação da fonte de K e j[th] taxa de K,

[ijk] = €termo de erro/erro residual

ii) Dados económicos

A avaliação dos possíveis retornos foi efectuada utilizando a análise da margem bruta, tal como aplicada por Kay *et al.,* (2012) & Choumbou *et al.,* (2015).

4.1 Efeitos da fonte de potássio no rendimento comercializável e na qualidade dos tubérculos da batata

Os efeitos da fonte de K nos graus de tubérculos de batata e no rendimento comercializável foram significativos ($p \leq 0,05$) durante ambas as estações de chuva (Figura 5, A e B; apêndice I - X). Durante a estação de chuvas curtas, as culturas fornecidas com fertilizante SOP tiveram pesos significativamente maiores de chats, tamanho I e rendimentos comercializáveis em comparação com MOP (Figura 5 A). Em contraste, a MOP aumentou o peso do rendimento comercializável em 6,42 toneladas/ha (19%), e os pesos dos tubérculos de batata tamanho I, tamanho II e de batata de consumo em comparação com a SOP durante a estação de chuvas longas (Figura 5 B).

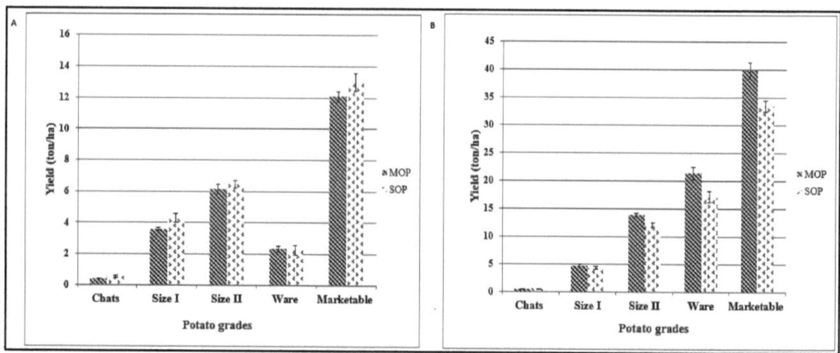

Figura 5: Efeito da fonte de K no rendimento e na qualidade dos tubérculos de batata. (A) Época de chuvas curtas de 2020 (B) Época de chuvas longas de 2021. As barras de erro representam o erro padrão da média.

4.2 Efeitos da fonte e da dose de potássio nas qualidades dos tubérculos da batata

As interações entre a fonte de potássio e a taxa de aplicação foram significativas ($P \leq 0{,}05$) para a produção de chats durante as estações de chuvas curtas e longas (Tabela 2 , apêndice II; Tabela 3, apêndice III). Durante a estação de chuvas curtas, o maior rendimento de chats foi obtido pela aplicação de SOP à taxa de 120kg K/ha seguido por MOP a 180kg K/ha (Tabela 2). Na estação de chuvas longas, as culturas fornecidas com 180kg K/ha na forma de SOP deram o maior rendimento de chats em comparação com a maioria dos tratamentos, mas 180kg K/ha de MOP deprimiu o rendimento de chats em comparação com os controlos (Quadro 3) .

Tabela 2: Interação entre a fonte e a taxa de aplicação de K no rendimento do tubérculo de chats (t/ha) durante a estação de chuvas curtas de 2020

Taxa de K (kg/ha)	Conversas		
	MOP	SOP	Taxa
0	0.28a	0.28a	0.28
60	0,29ab	0,56ef	0.43
120	0,44cd	0.83g	0.64
180	0.61f	0,51def	0.56
240	0,38bc	0,47cde	0.43
Fonte	0.40	0.53	
$LSD_{0.05}$ (Fonte)		ns	
$LSD_{0.05}$ (Taxa)		ns	
$LSD_{0.05}$ (Interação)		0.10	
CV (%)		12.70	

As médias com letras semelhantes não são estatisticamente diferentes a $p \leq 0{,}05$. ns efeitos do tratamento não significativos a $p \leq 0{,}05$ (teste LSD protegido de Fisher)

Tabela 3: Interação entre a fonte e a taxa de aplicação de K no rendimento do tubérculo de chats (t/ha) durante a estação chuvosa longa de 2021

Taxa de K (kg/ha)	Conversas		Taxa
	MOP	SOP	
0	0,43abc	0,56cde	0.50
30	0,51bcd	0.37a	0.44
60	0,65ef	0,59def	0.62
90	0,43ab	0,57de	0.50
120	0,62def	0.38a	0.50
180	0.31a	0.71f	0.51
Fonte	0.49	0.53	
$LSD_{0.05}$ (Fonte)	ns		
$LSD_{0.05}$ (Taxa)	ns		
$LSD_{0.05}$ (Interação)	0.13		
CV (%)	15.10		

As médias com letras semelhantes dentro da tabela não são estatisticamente diferentes a $p \leq 0,05$. ns efeitos de tratamento não significativos a $p \leq 0,05$ (teste LSD protegido de Fisher)

As interações entre a fonte de potássio e a taxa foram significativas ($P \leq 0,05$) na produção de tubérculos de tamanho I durante as duas estações de chuva (Tabela 4 e apêndice IV; Tabela 5 e apêndice V). Na estação de chuvas curtas, aplicação de 120kg K/ha como SOP deu o maior rendimento de tubérculos tamanho I (6,02 toneladas/ha) seguido por SOP a 60kg K/ha (Tabela 4). Durante a mesma estação, nenhuma das taxas de fertilizante K na forma de MOP deu um aumento significativo no rendimento do tubérculo tamanho I (Tabela 4). Em contraste, culturas fornecidas com 120kg K/ha de MOP produziram 6,02 toneladas/ha de tubérculos de batata de tamanho I, que foi maior do que qualquer outro tratamento durante as longas chuvas, mas a mesma taxa de K de SOP diminuiu a produção de tubérculos de tamanho I em mais de 0,6 toneladas/ha em comparação com ambos os controlos (Tabela 5) .

Tabela 4: Interação entre a fonte e a taxa de aplicação de K na produção de tubérculos de tamanho I (t/ha) durante a estação de chuvas curtas de 2020

Taxa de K (kg/ha)	Tamanho I		
	MOP	SOP	Taxa
0	3.32a	3.32a	3.32
60	3,98ab	4.82c	4.40
120	3.40ab	6.02d	4.71
180	3,64ab	3.30a	3.47
240	3,64ab	4.04b	3.84
Fonte	3.60	4.30	
$LSD_{0.05}$ (Fonte)	ns		
$LSD_{0.05}$ (Taxa)	ns		
$LSD_{0.05}$ (Interação)	0.68		
CV (%)	10.10		

As médias com letras semelhantes não são estatisticamente diferentes a p≤0,05. ns efeitos do tratamento não significativos a p≤0,05 (teste LSD protegido de Fisher)

Tabela 5: Interação entre a fonte e a taxa de aplicação de K na produção de tubérculos de tamanho I (t/ha) durante a estação chuvosa longa de 2021

Taxa de K (kg/ha)	Tamanho I		
	MOP	SOP	Taxa
0	3,78ab	5.23c	4.51
30	3,79ab	3,70ab	3.75
60	5.33c	5,73cd	5.53
90	4.94c	3.99b	4.47
120	6.20d	3.10a	4.65
180	4.07b	4.04b	4.06
Fonte	4.69	4.29	
$LSD_{0.05}$ (Fonte)	ns		
$LSD_{0.05}$ (Taxa)	ns		
$LSD_{0.05}$ (Interação)	0.84		
CV (%)	11.10		

As médias com letras semelhantes não são estatisticamente diferentes a p≤0,05. ns efeitos do tratamento não significativos a p≤0,05 (teste LSD protegido de Fisher)

Os efeitos da fonte e taxa de potássio na produção de tubérculos tamanho II foram significativos (p≤0,05) durante as estações de chuvas curtas e longas (Tabela 6 e apêndice VI; Tabela 7 e VII). Na estação de chuvas curtas, aplicação de potássio como MOP a 60kg K/ha deu o maior rendimento de tubérculos tamanho II em comparação com todas as combinações de tratamento, exceto 120kg K/ha na forma de SOP (Tabela 6). Em geral, taxas de K acima de 60kg K/ha de MOP e acima de 180kg K/ha para SOP reduziram a produção de tubérculos tamanho II em comparação com o controlo durante a estação de chuvas curtas (Quadro 6). Durante a estação de chuvas longas, as culturas fornecidas com 30kg K/ha na forma de MOP produziram cerca de 15,6 toneladas/ha de tamanho II, que foi significativamente maior do que o rendimento na maioria das parcelas de tratamento (Tabela 7).

Tabela 6: Interação entre a fonte e a taxa de aplicação de K na produção de tubérculos de tamanho II (t/ha) durante a estação das chuvas curtas de 2020

Taxa de K (kg/ha)	Tamanho II		
	MOP	SOP	Taxa
0	6.48b	6.61bc	6.55
60	7.97d	6,08ab	7.03
120	5.14a	7,69cd	6.42
180	5,96ab	6.31b	6.14
240	5.16a	5,64ab	5.40
Fonte	6.12	6.47	
LSD$_{0.05}$ (Fonte)	ns		
LSD$_{0.05}$ (Taxa)	ns		
LSD$_{0.05}$ (Interação)	1.12		
CV (%)	10.30		

As médias com letras semelhantes não são estatisticamente diferentes a p≤0,05. ns efeitos do tratamento não significativos a p≤0,05 (teste LSD protegido de Fisher)

Tabela 7: Interação entre a fonte e a taxa de aplicação de K no rendimento de tubérculos de tamanho II (t/ha) durante a estação chuvosa longa de 2021

Taxa de K (kg/ha)	Tamanho II		
	MOP	SOP	Taxa
0	11.82bc	9.99a	10.91
30	15.57f	12.03bc	13.80
60	14.52ef	11.92bc	13.22
90	14.20ef	12.33bcd	13.27
120	13.22cde	11.79b	12.51
180	13.70de	14.23ef	13.97
Fonte	13.84	12.04	
$LSD_{0.05}$ (Fonte)		ns	
$LSD_{0.05}$ (Taxa)		ns	
$LSD_{0.05}$ (Interação)		1.41	
CV (%)		6.40	

As médias com letras semelhantes não são estatisticamente diferentes a p≤0,05. ns efeitos do tratamento não significativos a p≤0,05 (teste LSD protegido de Fisher)

A interação entre a fonte de potássio e a taxa foi significativa (p≤0,05) durante ambas as épocas de chuva no local experimental (Tabela 8 e apêndice VIII; Tabela 9 e apêndice IX). A aplicação de 180kg K/ha de SOP deu o maior rendimento de tubérculos de 4 toneladas/ha durante as chuvas curtas (Tabela 8). Na estação das chuvas longas, as batatas fornecidas com 60-180kg K/ha sob a forma de MOP e 90kg K/ha sob a forma de SOP deram rendimentos semelhantes de tubérculos de conservação (Quadro 9). Em geral, foram registados altos rendimentos de tubérculos de batata de conservação nas culturas fornecidas com 180kg K/ha de MOP, que foi 7,7-13,9 toneladas/ha superior a ambos os controlos (Quadro 9).

Mesa 8: Interação entre a fonte e a taxa de aplicação de K no rendimento de tubérculos de tabaco (t/ha) durante a estação de chuvas curtas de 2020

Taxa de K (kg/ha)	Armazém		
	MOP	SOP	Taxa
0	2,95ef	0.85a	1.90
60	1.70bc	2.28cd	1.99
120	3.18f	2.56def	2.87
180	2.45de	4.04g	3.25
240	1,46ab	1.50b	1.48
Fonte	2.35	2.25	
$LSD_{0.05}$ (Fonte)	ns		
$LSD_{0.05}$ (Taxa)	ns		
$LSD_{0.05}$ (Interação)	0.63		
CV (%)	15.90		

As médias com letras semelhantes não são estatisticamente diferentes a p≤0,05. ns efeitos do tratamento não significativos a p≤0,05 (teste LSD protegido de Fisher)

Tabela 9: Interação entre a fonte e a taxa de aplicação de K no rendimento de tubérculos de tabaco (t/ha) durante a estação chuvosa longa de 2021

Taxa de K (kg/ha)	Armazém		
	MOP	SOP	Taxa
0	11.75a	17,96cd	14.86
30	21.18de	16.27bc	18.73
60	22,59ef	14.24abc	18.42
90	23.67ef	24,88ef	24.28
120	23.27ef	16.23bc	19.75
180	25.68f	13.12ab	19.40
Fonte	21.36	17.12	
$LSD_{0.05}$ (Fonte)	ns		
$LSD_{0.05}$ (Taxa)	ns		
$LSD_{0.05}$ (Interação)	3.80		
CV (%)	11.70		

As médias com letras semelhantes não são estatisticamente diferentes a p≤0,05. ns efeitos do tratamento não significativos a p≤0,05 (teste LSD protegido de Fisher)

A fonte e a taxa de potássio na produção de tubérculos comercializáveis foram significativas (p≤0,05) durante as estações de chuvas curtas e longas (Tabela 10 e apêndice X; Tabela 11 e apêndice XI). O maior rendimento comercializável durante a estação de chuvas curtas foi obtido pela aplicação de SOP a 120kg/ha, seguido por SOP a 180kg K/ha e MOP a 60kg K/ha. A aplicação de MOP a 240kg K/ha diminuiu o rendimento dos tubérculos em comparação com os controlos (Quadro 10). Na estação das chuvas longas, o maior rendimento comercial foi obtido com todas as taxas adicionais de K como MOP, isto foi semelhante ao rendimento obtido com 90kg K/ha como SOP (Quadro 11).

Mesa 10: Interação entre a fonte e a taxa de aplicação de K no rendimento comercializável dos tubérculos (t/ha) durante a estação das chuvas curtas de 2020

Taxa de K (kg/ha)	Rendimento comercializável		
	MOP	SOP	Taxa
0	12.75cde	10,78ab	11.77
60	13.65e	13.17de	13.41
120	11.72bc	16.27f	14.00
180	12.05bcd	13.65e	12.85
240	10.26a	11.18ab	10.72
Fonte	12.09	13.01	
LSD$_{0.05}$ (Fonte)	ns		
LSD$_{0.05}$ (Taxa)	ns		
LSD$_{0.05}$ (Interação)	1.39		
CV (%)	6.40		

As médias com letras semelhantes não são estatisticamente diferentes a p≤0,05. ns efeitos do tratamento não significativos a p≤0,05 (teste LSD protegido de Fisher)

Mesa 11: Interação entre a fonte e a taxa de aplicação de K no rendimento comercializável de tubérculos (t/ha) durante a estação chuvosa longa de 2021

Taxa de K (kg/ha)	Rendimento comercializável		
	MOP	SOP	Taxa
0	27.35a	33.17b	30.26
30	40.54c	32.00b	36.27
60	42.44c	31.88b	37.16
90	42.81c	41.20c	42.01
120	42.69c	31.11ab	36.90
180	43.46c	31,39ab	37.43
Fonte	39.88	33.46	
$LSD_{0.05}$ (Fonte)		ns	
$LSD_{0.05}$ (Taxa)		ns	
$LSD_{0.05}$ (Interação)		4.14	
CV (%)		6.70	

As médias com letras semelhantes não são estatisticamente diferentes a $p \leq 0,05$. ns efeitos do tratamento não significativos a $p \leq 0,05$ (teste LSD protegido de Fisher)

4.3 Efeitos da fonte de potássio nos componentes de qualidade dos tubérculos

A aplicação da SOP aumentou significativamente ($p \leq 0,05$) o teor de matéria seca dos tubérculos de batata em 6% em comparação com a MOP durante a estação seca. Durante a mesma estação, a MOP aumentou significativamente o rendimento de vitamina C em 12% em comparação com a SOP. A fonte de K não teve efeito significativo no SST do tubérculo, acidez titulável, amido e qualidade da textura durante a estação seca (Tabela 12).

Mesa 12: Efeitos da fonte de K nos componentes de qualidade dos tubérculos de batata durante o

curta estação de chuvas de 2020

Fonte K	SST (%Brix)	Acidez titulável (%)	Matéria seca (%)	Amido (%)	Vitamina C (mg/100g)	Textura [Força (N)]
MOP	7.61	0.21	26.32b	16.74	15.64a	6.51
SOP	7.89	0.20	27.79a	16.86	13.92b	6.75
Média	7.75	0.21	27.06	16.80	14.78	6.63
$LSD_{0.05}$	NS	NS	0.97	NS	0.72	NS
CV (%)	6.80	9.90	4.70	5.80	6.10	6.10

As médias com letras diferentes dentro da coluna são significativamente diferentes a ($p \leq 0,05$). ns efeitos de tratamento não significativos a $p \leq 0,05$ (teste LSD protegido de Fisher)

O fertilizante SOP aumentou significativamente ($p \leq 0,05$) o teor de matéria seca dos tubérculos em 6% em comparação com o MOP durante a estação chuvosa longa. Durante o mesmo período, a fonte de K não teve efeito significativo no SST dos tubérculos, na acidez titulável, no amido, no teor de vitamina C e na textura dos tubérculos de batata (Quadro 13).

Mesa 13: Efeitos da fonte de K nos componentes de qualidade dos tubérculos de batata durante o longo

estação das chuvas de 2021

Fonte K	SST (%Brix)	Acidez titulável (%)	Matéria seca (%)	Amido (%)	Vitamina C (mg/100g)	Textura [Força (N)]
MOP	5.27	0.15	25.58b	18.41	12.64	6.91
SOP	5.49	0.15	27.00a	18.52	13.50	6.88
Média	5.38	0.15	26.29	18.47	13.07	6.90
$LSD_{0.05}$	NS	NS	0.79	NS	NS	NS
CV (%)	7.90	13.70	4.30	8.60	12.6	3.20

As médias com letras diferentes dentro da coluna são significativamente diferentes a ($p \leq 0,05$). ns efeitos de tratamento não significativos a $p \leq 0,05$ (teste LSD protegido de Fisher)

4.4 Efeitos da fonte e da taxa de fertilizante potássico nos componentes de qualidade dos tubérculos

Os efeitos da fonte e da taxa de potássio no teor de SST dos tubérculos durante a estação chuvosa curta são apresentados no quadro 14 e no anexo XII. As interações não foram significativas ($p \leq 0,05$).

Mesa 14: Interação entre a fonte e a taxa de aplicação de K no teor de SST dos tubérculos durante o curto período de chuvas de 2020.

Taxa de K (kg/ha)	SST (%Brix)		
	MOP	**SOP**	Taxa
0	8.39	7.83	8.11
60	7.45	7.94	7.70
120	7.39	8.17	7.78
180	7.56	7.94	7.75
240	7.28	7.56	7.42
Fonte	7.61	7.89	
$LSD_{0.05}$ (Fonte)	ns		
$LSD_{0.05}$ (Taxa)	ns		
$LSD_{0.05}$ (Interação)	ns		
CV (%)	6.80		

ns efeitos de tratamento não significativos a $p \leq 0,05$ (teste LSD protegido de Fisher)

Os efeitos da fonte e da taxa de potássio no teor de SST dos tubérculos durante a estação chuvosa longa são apresentados no quadro 15 e no apêndice XIII. As interações não foram significativas ($p \leq 0,05$).

Mesa 15: Interação entre a fonte e a taxa de aplicação de K no teor de SST dos tubérculos durante a estação chuvosa longa de 2021

Taxa de K (kg/ha)	SST (%Brix)		
	MOP	SOP	Taxa
0	5.44	5.55	5.50
30	5.33	5.45	5.39
60	5.56	5.22	5.39
90	5.00	5.67	5.33
120	5.28	5.67	5.47
180	5.00	5.39	5.20
Fonte	5.27	5.49	
$LSD_{0.05}$ (Fonte)	ns		
$LSD_{0.05}$ (Taxa)	ns		
$LSD_{0.05}$ (Interação)	ns		
CV (%)	7.90		

ns efeitos de tratamento não significativos a p≤0,05 (teste LSD protegido de Fisher)

Os efeitos da fonte e da taxa de potássio no teor de acidez titulável dos tubérculos durante o curto período de chuvas são apresentados no quadro 16 e no apêndice XIV. As interações não foram significativas (p≤0,05).

Mesa 16: Interação entre a fonte e a taxa de aplicação de K no teor de acidez titulável dos tubérculos durante o curto período de chuvas de 2020.

Taxa de K (kg/ha)	Acidez titulável (%)		
	MOP	SOP	Taxa
0	0.19	0.19	0.19
60	0.22	0.20	0.21
120	0.20	0.22	0.21
180	0.21	0.20	0.20
240	0.21	0.19	0.20
Fonte	0.21	0.20	
$LSD_{0.05}$ (Fonte)	ns		
$LSD_{0.05}$ (Taxa)	ns		
$LSD_{0.05}$ (Interação)	ns		
CV (%)	9.90		

ns efeitos de tratamento não significativos a p≤0,05 (teste LSD protegido de Fisher)

Os efeitos da fonte e da taxa de potássio no teor de acidez titulável dos tubérculos durante a estação chuvosa longa são mostrados na Tabela 17 e no apêndice XV. As interações não foram significativas (p≤0,05).

Mesa 17: Interação entre a fonte e a taxa de aplicação de K no teor de acidez titulável dos tubérculos durante o longo período de chuvas de 2021

Taxa de K (kg/ha)	Acidez titulável (%)		
	MOP	SOP	Taxa
0	0.14	0.15	0.15
30	0.18	0.15	0.17
60	0.14	0.15	0.14
90	0.15	0.14	0.14
120	0.15	0.15	0.15
180	0.16	0.14	0.15
Fonte	0.15	0.15	
LSD$_{0.05}$ (Fonte)	ns		
LSD$_{0.05}$ (Taxa)	ns		
LSD$_{0.05}$ (Interação)	ns		
CV (%)	13.70		

ns efeitos de tratamento não significativos a p≤0,05 (teste LSD protegido de Fisher)

Os efeitos da fonte e da taxa de potássio no teor de matéria seca dos tubérculos durante a estação chuvosa curta são apresentados no quadro 18 e no anexo XVI. As interações não foram significativas (p≤0,05).

Mesa 18: Interação entre a fonte e a taxa de aplicação de K no teor de matéria seca dos tubérculos durante o curto período de chuvas de 2020.

Taxa de K (kg/ha)	Matéria seca (%)		
	MOP	SOP	Taxa
0	27.42	28.67	28.05
60	26.51	27.26	26.89
120	26.46	27.37	26.92
180	26.10	27.15	26.63
240	25.13	28.51	26.82
Fonte	26.32a	27.79b	
$LSD_{0.05}$ (Fonte)	0.97		
$LSD_{0.05}$ (Taxa)	ns		
$LSD_{0.05}$ (Interação)	ns		
CV (%)	4.70		

As médias com letras semelhantes não são estatisticamente diferentes ao nível de p≤0,05 do teste LSD protegido de Fisher. ns efeitos de tratamento não significativos.

Os efeitos da fonte e da taxa de potássio no teor de matéria seca dos tubérculos durante a estação chuvosa longa são apresentados no quadro 19 e no apêndice XVII. As interações não foram significativas (p≤0,05).

Mesa 19: Interação entre a fonte e a taxa de aplicação de K no teor de matéria seca dos tubérculos durante o longo período de chuvas de 2021.

Taxa de K (kg/ha)	Matéria seca (%)		
	MOP	SOP	Taxa
0	26.53	27.20	26.87
30	25.78	27.47	26.63
60	25.54	27.92	26.73
90	26.40	26.55	26.48
120	25.67	26.14	25.91
180	23.55	26.72	25.14
Fonte	25.58a	27.00b	
$LSD_{0.05}$ (Fonte)	0.79		
$LSD_{0.05}$ (Taxa)	ns		
$LSD_{0.05}$ (Interação)	ns		
CV (%)	4.30		

As médias com letras semelhantes não são estatisticamente diferentes ao nível de p≤0,05 do teste LSD protegido de Fisher. ns efeitos de tratamento não significativos.

A interação entre a fonte de potássio e a taxa de potássio no teor de amido dos tubérculos foi significativa (p≤0,05) durante a estação das chuvas curtas (Quadro 20 e Anexo XVIII). 120 e 180 kg K/ha de MOP e 240 kg K/ha de SOP deram o maior rendimento de amido. O menor rendimento de amido foi obtido com a aplicação de MOP a 240 kg K/ha, mas a mesma taxa de K de SOP aumentou o teor de amido do tubérculo (Tabela 20).

Mesa 20: Interação entre a fonte e a taxa de aplicação de K no teor de amido dos tubérculos durante a estação de chuvas curtas de 2020.

Taxa de K (kg/ha)	Amido (%)		
	MOP	SOP	Taxa
0	13.90b	15.81b	14.86
60	15.75b	15.77b	15.76
120	22.08c	17.31b	19.70
180	20.92c	14.86b	17.89
240	11.05a	20.55c	15.80
Fonte	16.74	16.86	
$LSD_{0.05}$ (Fonte)	ns		
$LSD_{0.05}$ (Taxa)	ns		
$LSD_{0.05}$ (Interação)	1.67		
CV (%)	5.80		

As médias com letras semelhantes não são estatisticamente diferentes ao nível de $p \leq 0,05$ do teste LSD protegido de Fisher. ns efeitos de tratamento não significativos.

Os efeitos da fonte e da taxa de potássio no teor de amido dos tubérculos durante a estação chuvosa longa são apresentados no quadro 21 e no anexo XIX. As interações não foram significativas ($p \leq 0,05$). O aumento da taxa de fertilizante potássico levou à diminuição do teor de amido dos tubérculos.

Mesa 21: Interação entre a fonte e a taxa de aplicação de K no teor de amido dos tubérculos durante a estação chuvosa longa de 2021

Taxa de K (kg/ha)	Amido (%)		
	MOP	SOP	Taxa
0	19.81	20.80	20.31b
30	19.04	19.29	19.17b
60	17.78	17.81	17.80a
90	18.23	18.15	18.19a
120	18.21	18.16	18.19a
180	17.36	16.91	17.14a
Fonte	18.41	18.52	
$LSD_{0.05}$ (Fonte)	ns		
$LSD_{0.05}$ (Taxa)	1.91		
$LSD_{0.05}$ (Interação)	ns		
CV (%)	8.60		

As médias com letras semelhantes não são estatisticamente diferentes ao nível de $p \leq 0,05$ do teste LSD protegido de Fisher. ns efeitos de tratamento não significativos.

A interação entre a fonte de potássio e a taxa de aplicação no teor de vitamina C do tubérculo foi significativa ($p \leq 0,05$) durante a curta estação das chuvas (Quadro 22 e apêndice XX). O maior teor de vitamina C nos tubérculos foi obtido com a aplicação de MOP a 60kg K/ha e 180kg K/ha ou SOP a 120kg K/ha. O rendimento mais baixo de vitamina C foi obtido nas parcelas de controlo com SOP.

Mesa 22: Interação entre a fonte e a taxa de aplicação de K no teor de vitamina C dos tubérculos durante a curta estação das chuvas de 2020.

Taxa de K (kg/ha)	Vitamina C (mg/100g)		
	MOP	SOP	Taxa
0	15.98b	10.32e	13.15
60	18.31a	13,41cd	15.86
120	14.30c	17.98a	16.14
180	17.60a	14.66bc	16.13
240	12.02d	13.25cd	12.64
Fonte	15.64	13.92	
$LSD_{0.05}$ (Fonte)	ns		
$LSD_{0.05}$ (Taxa)	ns		
$LSD_{0.05}$ (Interação)	1.55		
CV (%)	6.10		

As médias com letras semelhantes não são estatisticamente diferentes ao nível de p≤0,05 do teste LSD protegido de Fisher. ns efeitos de tratamento não significativos.

A interação entre a fonte de potássio e a taxa de fertilização no teor de vitamina C do tubérculo foi significativa (p≤0,05) durante a estação chuvosa longa (Quadro 23 e anexo XXI). A taxa mais alta de fertilizante MOP deu um teor muito baixo de vitamina C no tubérculo (Tabela 23).

Tabela 23: Interação entre a fonte e a taxa de aplicação de K no teor de vitamina C dos tubérculos durante o longo período de chuvas de 2021.

Taxa de K (kg/ha)	Vitamina C (mg/100g)		
	MOP	SOP	Taxa
0	13.86bc	7.30d	10.58
30	15.74b	16.23b	15.99
60	12.89c	15.31bc	14.10
90	12.85c	7.32d	10.09
120	12.54c	15.27bc	13.91
180	7.97d	19.56a	13.77
Fonte	12.64	13.5	
$LSD_{0.05}$ (Fonte)	ns		
$LSD_{0.05}$ (Taxa)	ns		
$LSD_{0.05}$ (Interação)	2.80		
CV (%)	12.60		

As médias com letras semelhantes não são estatisticamente diferentes ao nível de $p \leq 0,05$ do teste LSD protegido de Fisher. ns efeitos de tratamento não significativos.

Os efeitos da fonte e da taxa de potássio na textura dos tubérculos durante o curto período de chuvas são apresentados no quadro 24 e no apêndice XXII. As interações não foram significativas ($p \leq 0,05$).

Mesa 24: Interação entre a fonte e a taxa de aplicação de K na textura dos tubérculos durante o curto período de chuvas de 2020.

Taxa de K (kg/ha)	Textura [Força (N)]		
	MOP	SOP	Taxa
0	6.30	6.52	6.41
60	6.72	6.75	6.74
120	6.54	6.86	6.70
180	6.90	6.97	6.94
240	6.11	6.66	6.39
Fonte	6.51	6.75	
$LSD_{0.05}$ (Fonte)	ns		
$LSD_{0.05}$ (Taxa)	ns		
$LSD_{0.05}$ (Interação)	ns		
CV (%)	6.10		

ns efeitos de tratamento não significativos a $p \leq 0,05$ (teste LSD protegido de Fisher)

Os efeitos da fonte de potássio e da taxa na textura do tubérculo de batata são mostrados na Tabela 25 e no apêndice XXIII. A taxa foi significativa ($p \leq 0,05$). O aumento da taxa de fertilizante potássico levou à redução da firmeza da textura do tubérculo.

Mesa 25: Interação entre a fonte e a taxa de aplicação de K na textura dos tubérculos durante o longo período de chuvas de 2021.

Taxa de K (kg/ha)	Textura [Força(N)]		
	MOP	SOP	Taxa
0	7.03	7.11	7.07c
30	7.02	6.97	7.00c
60	6.85	6.74	6,80abc
90	6.97	6.94	6.96c
120	6.92	6.86	6,89abc
180	6.67	6.63	6,65ab
Fonte	6.91	6.88	
$LSD_{0.05}$ (Fonte)	ns		
$LSD_{0.05}$ (Taxa)	0.26		
$LSD_{0.05}$ (Interação)	ns		
CV (%)	3.20		

As médias com letras semelhantes não são estatisticamente diferentes ao nível de $p \leq 0,05$ do teste LSD protegido de Fisher. ns efeitos de tratamento não significativos.

4.5 Análise da margem bruta devido à fertilização com K na exploração da Universidade de Eldoret

Os resultados da análise da margem bruta durante a estação das chuvas longas são mostrados na Tabela 26 e apoiados pelo apêndice XXVI. A fonte de potássio como MOP poderia produzir margens de lucro mais altas de 111,86% a uma taxa de 30kg K/ha, 126,78% a uma taxa de 60kg K/ha, 128,56% a uma taxa de 90kg K/ha, 126,14% a uma taxa de 120kg K/ha e 129.96% a uma taxa de 180kg K/ha em comparação com a fonte de K como SOP a taxas semelhantes que registou apenas um lucro de 41,38% a uma taxa de 90kg K/ha e perdas de 8,23% a uma taxa de 30kg K/ha, 10,45% a uma taxa de 60kg K/ha, 17,92% a uma taxa de 120kg K/ha e 19,38% a uma taxa de 180kg K/ha. No entanto, os apêndices XXIV e XXV indicam perdas prováveis em todas as fontes e taxas de aplicação de fertilizantes potássicos durante a estação de chuvas curtas.

Mesa 26: Análise da margem bruta do rendimento de tubérculos de batata durante a estação chuvosa longa de 2021.

Taxa K	Fonte K	Custo variável total (Ksh/ha)	Rendimento (ton/ha)	Preço por tonelada (Ksh)	Receitas (Ksh)	Margem bruta (Ksh)
0kg K/ha	MOP	314,088	27.35	20,000	547,000	232,912
	SOP	314,088	33.17	20,000	663,400	349,312
30kg K/ha	MOP	317,341	40.54	20,000	810,800	493,459
	SOP	319,437	32.00	20,000	640,000	320,563
60kg K/ha	MOP	320,594	42.44	20,000	848,800	528,206
	SOP	324,787	31.88	20,000	637,600	312,813
90kg K/ha	MOP	323,847	42.81	20,000	856,200	532,353
	SOP	330,136	41.20	20,000	824,000	493,864
120kg K/ha	MOP	327,100	42.69	20,000	853,800	526,700
	SOP	335,486	31.11	20,000	622,200	286,714
180kg K/ha	MOP	333,606	43.46	20,000	869,200	535,594
	SOP	346,184	31.39	20,000	627,800	281,616

CAPÍTULO CINCO
DEBATE

5.1 Efeitos do fertilizante potássico no rendimento comercializável e na qualidade dos tubérculos de batata na exploração agrícola da Universidade de Eldoret

Em geral, a SOP melhorou a maioria dos parâmetros de rendimento em comparação com a MOP durante as chuvas curtas, mas quando a humidade era suficiente (estação de chuvas longas) a MOP aumentou todos os tamanhos de tubérculos acima de 28 mm em comparação com a SOP.

Durante a curta estação chuvosa, a fertilização com potássio, tanto como SOP como MOP, tendeu a aumentar a produção de tubérculos de batata. A aplicação de fertilizante potássico como SOP nas plantações de batata mostrou um aumento gradual no chat, tamanho I, tamanho II, ware e produção de tubérculos comercializáveis com o aumento da taxa de potássio até um ponto em que qualquer taxa adicional levou a uma diminuição constante em seu rendimento. Na mesma estação, as culturas de batata que receberam potássio sob a forma de SOP à taxa de 120kg/ha de K registaram o maior rendimento de tubérculos de tamanho I, tamanho II e comercializáveis, com a exceção do rendimento de tubérculos de conservação que mostrou significativamente o maior rendimento à taxa de 180kg/ha de K quando comparado com outras taxas de potássio. Isto concorda com os resultados de Saqib *et al.,* (2019) que relataram que a aplicação suplementar de potássio afectou significativamente o número de tubérculos pequenos, médios e grandes por planta, sendo o ótimo alcançado à taxa de 75kg/ha de K. Al-Moshileh & Errebi (2004) também relataram resultados semelhantes que, à taxa de 150kg/ha de K, a SOP deu maior rendimento (17,18 toneladas/ha) do que a MOP (16,9 toneladas/ha) a uma taxa semelhante. No entanto, estes resultados contradizem os de Khan *et al.,* 2012, que descobriram que o fertilizante potássico como MOP à taxa de

150kg/ha de K contribuiu mais para o aumento do rendimento de tubérculos comercializáveis em comparação com SOP. Isto pode ser atribuído ao facto de que o K como SOP está prontamente disponível para as culturas (Young 2009) e as culturas tratadas com SOP translocaram mais fotossintatos em comparação com as tratadas com MOP (Bansali & Trehan 2011).

Na estação chuvosa longa, a produção de tubérculos de batata tendeu a aumentar com a fertilização potássica MOP ou SOP. No entanto, a aplicação de potássio como MOP registou os maiores rendimentos de tubérculos de tamanho I, tamanho II, de consumo e comercializáveis quando comparado com a fonte como SOP. A aplicação de MOP a taxas entre 30-180 kg/ha de K e SOP a uma taxa de 90kg/ha de K deu um rendimento total de tubérculos comercializáveis significativamente alto, acima de 40 toneladas/ha. Taxas mais altas de K de 180kg/ha de K como MOP favoreceram a produção de tubérculos de batata de consumo adequados para o mercado fresco e para a indústria. A aplicação de 30-60 kg/ha de K na forma de MOP foi adequada para a produção de batata-semente de tamanho II com diâmetro entre 46-60mm, enquanto 120kg/ha de K como MOP deu o maior rendimento de tubérculos de tamanho I com diâmetro de 29-45mm. Khan *et al.*, (2010) relataram resultados semelhantes com MOP a 150kg/ha de K dando maiores rendimentos em comparação com SOP. Isso, no entanto, contradiz os resultados de Bansali & Tehan (2011), que descobriram que o rendimento do tubérculo aumentou em culturas tratadas com SOP em comparação com as tratadas com MOP. As chuvas foram bem distribuídas durante as fases críticas de crescimento (emergência, floração e expansão dos tubérculos). Isto pode ter afetado positivamente a absorção de K que, por sua vez, afectou a produção de tubérculos. O componente cloreto do MOP leva a um potencial osmótico mais alto na cultura, aumentando assim a absorção de água, resultando em maior taxa de crescimento e rendimento de tubérculos (Koch *et al.,* 2020).

5.2 Efeitos do fertilizante potássico nos componentes de qualidade dos tubérculos de batata na exploração agrícola da Universidade de Eldoret

Durante a curta estação das chuvas, a fonte de potássio afectou significativamente a matéria seca dos tubérculos e o teor de vitamina C. A MOP como fonte de potássio reduziu significativamente o teor de matéria seca dos tubérculos em comparação com a SOP. Isto está de acordo com os resultados de Wilmer *et al.*, (2022) que relataram que a SOP reduziu o teor de matéria seca em 5% - 10% em comparação com a MOP que reduziu o teor de matéria seca em 13% - 16%. A redução do teor de matéria seca do tubérculo devido à aplicação de MOP pode ser atribuída ao aumento do teor de água do tubérculo, que pode ter levado à sua diluição devido à absorção excessiva de água provocada pelo Cl⁻ , que tem um elevado potencial osmótico (Perrenoud 1993). O potássio como MOP aumentou significativamente o teor de vitamina C em comparação com o SOP. Isso contradiz a descoberta de Smith & Smith, (1977); Khan *et al.*, (2010) e Manolov *et al.*, (2015) que relataram que a fertilização com MOP reduziu a concentração de vitamina C. As culturas tratadas com potássio como MOP à taxa de 60kg/ha de K registaram um maior teor de vitamina C nos tubérculos (um incremento de 39-58% em relação às parcelas de controlo) em comparação com a maioria dos tratamentos. Este aumento devido à fertilização com MOP deveu-se provavelmente à baixa precipitação e às altas temperaturas, tal como referido por Hamouz *et al.*, (2007). Observou-se ainda que o teor de amido dos tubérculos foi aumentado por ambas as fontes de K. Isto porque o potássio é necessário para a ativação da sintase do amido, que é uma enzima necessária para a síntese do amido (Naumann *et al.*, 2019), pelo que o défice pode dificultar a formação de amido (Subramanian *et al.* 2011). No entanto, o maior teor de amido de tubérculos foi registado em tubérculos que receberam 120kg/ha de K na forma de MOP. Isso contradiz a descoberta de (Manolov *et al.*, 2016) que demonstrou que o tratamento SOP da batata deu maior teor de amido em comparação com o MOP. Doses mais elevadas de fertilização com MOP (240kg/ha de K) reduziram o teor de amido dos tubérculos em 2,9-4% em comparação com os controlos. Isso pode ser atribuído à diluição do amido devido à absorção excessiva de água provocada pelo Cl⁻ presente na MOP, que tem um alto potencial osmótico (Mengel & Kirkby 1987). Isto está de acordo com os resultados de (Baniuniene & Zekaite, 2008) que relataram que a aplicação excessiva de K pode reduzir o conteúdo de amido em tubérculos de batata. Em contraste, apenas a taxa mais elevada de fertilizante SOP (240kg/ha de K) aumentou o teor de amido dos tubérculos. Isto confirma os resultados de (Wilmer *et al.*, 2022) que observaram que quando se aplica K em excesso, a MOP reduz o teor de amido dos tubérculos mais do que a SOP. De um modo geral, a fonte de potássio não afectou significativamente os sólidos solúveis totais dos tubérculos (acima do intervalo recomendado), a acidez titulável (acima do intervalo recomendado) e os componentes de qualidade da textura durante a estação das chuvas curtas. No entanto, a aplicação de fertilizante potássico como MOP ou SOP melhorou esses componentes de qualidade do tubérculo.

Durante a longa estação chuvosa, o potássio como SOP afectou significativamente o teor de matéria seca dos tubérculos em comparação com o MOP. O teor de matéria seca dos tubérculos aumentou nas culturas tratadas com SOP, enquanto diminuiu nas culturas tratadas com MOP. Isso está de acordo com as descobertas de Kumar *et al.*, (2007); Barczak *et al.*, (2013); Manolov *et al.*, (2016) e Yakimenko & Naumova (2018) que relataram que o SOP aumentou o teor de matéria seca em comparação com o MOP. No entanto, esses resultados contradizem os de Wilmer *et al.* (2022), que descobriram que a aplicação de fertilizante de potássio como SOP ou MOP, embora não significativa, reduziu o teor de matéria seca do tubérculo, com o MOP tendo um efeito muito maior do que o SOP. Isso pode ser devido ao facto de o potássio como SOP estimular a enzima amido sintase e incorporar glicose em moléculas de amido, aumentando assim o teor de amido do tubérculo (Mengel & Kirkby 1987), mas não é diluído devido à absorção excessiva de água provocada pelo Cl⁻ , que tem um potencial osmótico elevado, como resultado da fertilização com potássio como MOP. As culturas fornecidas com 180kg/ha de K como SOP registaram o maior teor de vitamina C, que foi um aumento de 41-167% em comparação com ambos os controlos. Isto está de acordo com a descoberta de Wilmer *et al.,* (2022) que relatou que os tubérculos tratados com K como MOP registaram menos 5 mg/100g de conteúdo de vitamina C com base no peso fresco em comparação com SOP. No entanto, as mudanças no nível de vitamina C devido à fertilização com diferentes fontes de fertilizante de potássio podem ser específicas para diferentes variedades de batata (Hamouz *et al.,* 2009; Samaniego *et al.,* 2020 e Wilmer *et al.,* 2022). Em geral, a fertilização potássica não afectou significativamente os sólidos solúveis totais dos tubérculos, a acidez titulável, o amido e os componentes de qualidade da textura durante o longo período de chuvas. No entanto, o fertilizante potássico reduziu os sólidos solúveis totais dos tubérculos, que são desejáveis, com a MOP a registar resultados muito inferiores. Isso concorda com os resultados de Yakimenko & Naumova (2018), que relataram que o aumento da taxa de aplicação de fertilizantes potássicos levou a uma diminuição no teor de sólidos solúveis totais dos tubérculos.

5.3 Análise da margem bruta devido à aplicação de diferentes fontes e taxas de fertilizante potássico na batata irlandesa.

Os resultados da análise da margem bruta indicaram que não era rentável cultivar batata durante a curta estação das chuvas de 2020. Isso pode ser atribuído à má distribuição de chuvas durante os estágios críticos de crescimento (emergência, floração e expansão dos tubérculos), o que poderia ter dificultado a absorção máxima de potássio. No entanto, foi lucrativo usar fertilizante de potássio tanto como SOP quanto MOP em taxas específicas durante a longa estação de chuvas de 2021. Isso pode ser atribuído à absorção máxima de potássio devido à boa distribuição de chuvas ao longo da estação de crescimento de 2021, o que levou a um maior rendimento de tubérculos em comparação com a estação de chuvas curtas de 2020. A fonte de potássio como MOP foi mais lucrativa em comparação com a fonte como SOP em taxas semelhantes. A aplicação de potássio como SOP só foi lucrativa a uma taxa de 90kg/ha de K em 41,38%, enquanto a aplicação de potássio como MOP foi lucrativa em todas as taxas, sendo a taxa de 180kg/ha de K a mais lucrativa em 130%, seguida pela taxa de 90kg/ha de K em 128,6%. A MOP na taxa mais baixa de 30kg/ha também registou lucros prováveis acima de 100% (111,86% precisamente). Isto pode dever-se ao facto de a aplicação de potássio sob a forma de MOP ter um potencial osmótico mais elevado do que a SOP na cultura devido à sua componente de cloreto, aumentando assim a absorção de água, resultando numa maior taxa de crescimento e rendimento dos tubérculos (Koch *et al.*, 2020).

CAPÍTULO SEIS

CONCLUSÕES E RECOMENDAÇÕES

6.1 Conclusões

Este estudo de investigação estabeleceu que, para a produção de tubérculos e as qualidades dos tubérculos:

- A aplicação de fertilizante potássico, quer como SOP ou MOP, levou a um aumento da produção de tubérculos de batata comercializáveis no condado de Uasin Gishu durante ambas as estações.

- A fertilização com MOP deu os maiores rendimentos comercializáveis durante a longa estação das chuvas.

- A MOP a 30kg/ha de K deu altos rendimentos de tubérculos comercializáveis que foram semelhantes aos rendimentos registados com todas as taxas adicionais de MOP.

Relativamente aos parâmetros de qualidade dos tubérculos, esta investigação concluiu que

- A fonte de potássio como SOP aumentou o conteúdo de matéria seca durante as duas estações.

- O potássio como MOP registou o maior rendimento de amido de tubérculo à taxa de 120kg/ha de K durante a curta estação das chuvas.

- O potássio como MOP à taxa de 60kg/ha de K aumentou o teor de vitamina C dos tubérculos durante a curta estação das chuvas.

- O potássio como SOP à taxa de 180kg/ha de K aumentou o conteúdo de vitamina C durante a longa estação das chuvas.

- O potássio como MOP e SOP nas taxas mais altas reduziu a textura do tubérculo (firmeza) durante as duas estações.

Esta investigação também concluiu que:

- Não era rentável cultivar batatas durante a curta estação das chuvas de 2020, com ou sem a utilização de fertilizantes potássicos.

- Era rentável utilizar fertilizantes potássicos durante a longa estação das chuvas.

- Foi mais rentável utilizar o fertilizante potássico como MOP do que como SOP em todas as diferentes taxas de aplicação durante a estação das chuvas longas.

- Os rendimentos óptimos foram alcançados com a aplicação de 30 kg/ha de K, dando um aumento de 111,86% na margem bruta.

6.2 Recomendações

6.2.1. Recomendação para os agricultores

1. Para obter uma maior produção de tubérculos comercializáveis no condado de Uasin Gishu e em zonas agro-ecológicas semelhantes, a fertilização com K a uma taxa de 30 kg/ha de K como MOP deve ser utilizada durante a estação chuvosa longa.

2. Os agricultores que pretendem aumentar a matéria seca dos tubérculos e o teor de vitamina C devem utilizar fertilizantes potássicos como SOP durante a estação das chuvas longas.

3. Para obter uma margem bruta razoável da cultura da batata no condado de Uasin Gishu, os agricultores devem incorporar fertilizante de potássio como MOP à taxa de 30kg/ha de K no seu programa de nutrição das culturas.

6.2.2 Recomendação para investigação futura

1. Um estudo semelhante deve ser realizado em diferentes solos de diferentes zonas agro-ecológicas do país para compreender melhor o impacto da fertilização com potássio na produção de tubérculos, na qualidade e nas prováveis implicações financeiras da fertilização com potássio.

2. Um estudo semelhante deve ser efectuado com várias variedades de batata para compreender melhor como as diferentes variedades respondem a diferentes fontes e taxas de fertilizante potássico em termos de rendimento e qualidade dos tubérculos.

REFERÊNCIAS

Abu-Ghannam, N., & Crowley, H. (2006). The effect of low temperature blanching on the texture of whole processed new potatoes. *Journal of Food Engineering, 74*(3), 335-344.

AFA (2018). Horticultura. Relatório validado 2016 - 2017. [Online]. Disponível: www.agricultureauthority.go.ke 02/05/2020.

AFA (2022). Livro anual de estatísticas. Autoridade Alimentar e Agrícola, [Online]. Disponível: www.agricultureauthority.go.ke 12/12/2022.

Agle, W. M., & Woodbury, G. W. (1968). Relação gravidade específica-matéria seca e alterações do açúcar redutor afectadas pela variedade de batata, área de produção e armazenamento. *American Potato Journal, 45*(4), 119-131.

Allison, M. F., Fowler, J. H., & Allen, E. J. (2001). Respostas da batata (*Solanum tuberosum*) aos fertilizantes potássicos. *The Journal of Agricultural Science, 136*(4), 407-426.

Al-Moshileh, A. M., & Errebi, M. A. (2004, novembro). Efeito de várias taxas de sulfato de potássio no crescimento, rendimento e qualidade da batata cultivada em solo arenoso e condições áridas. In *Proceedings of the IPI Regional Workshop on Potassium and Fertigation Development in West Asia and North Africa, Rabat, Nov* (pp. 24-28).

Associação dos Químicos Analíticos Oficiais (A.O.A.C.), & Associação dos Químicos Agrícolas Oficiais (EUA). (1980). *Official methods of analysis* (Vol. 13), Washington DC.

Baniuniene, A., & Zekaite, V. (2008). O efeito dos fertilizantes minerais e orgânicos no rendimento e na qualidade dos tubérculos de batata. *Jornal Letão de Agronomia, 11*, 202-206.

Bansal, S. K., & Trehan, S. P. (2011). Efeito do potássio no rendimento e nos atributos de qualidade de processamento da batata. *Karnataka Journal of Agricultural Sciences, 24*, 48-54.

Baranchuluun, S., Bayanjargal, D., & Adiyabadam, G. (2014). Uma análise de custo-benefício da produção agrícola com vários sistemas de irrigação. *IFEAMA SPSCP, 5*, 146-156.

Bayer Crop Science (2008) Potato starch-a versatile commodity. Courier 1:28-31.

Bista, B., & Bhandari, D. (2019). Fertilização de potássio em batata. *Revista Internacional de Ciências Aplicadas e Biotecnologia, 7*(2), 153-160.

Brazinskiene, V., Asakaviciute, R., Miezeliene, A., Alencikiene, G., Ivanauskas, L., Jakstas, V., ... & Razukas, A. (2014). Efeito dos sistemas de cultivo no rendimento, parâmetros de qualidade e propriedades sensoriais de tubérculos de batata (Solanum tuberosum L.) cultivados de forma convencional e orgânica. *Food Chemistry*, *145*, 903-909.

Choumbou, R. F. D., Odoemenem, I. U., & Oben, N. E. (2015). Análise da margem bruta e constrangimentos enfrentados pelos produtores de arroz em pequena escala na região oeste dos Camarões. *Jornal de Biologia, Agricultura e Cuidados de Saúde*, *5*(21), 108-112.

CIP (Centro Internacional da Batata) (2012a). Batata: Factos e Números. [Online]. Disponível: <u>Potato Facts and Figures - International Potato Center (cipotato.org)</u> 02/05/2020.

Cummings, G.A.;Wilcox, G.E. (1968). Efeito do potássio em factores de qualidade - frutas e legumes. Papel do Potássio na Agricultura. 243-267.

da Costa Mello, S., Pierce, F. J., Tonhati, R., Almeida, G. S., Neto, D. D., & Pavuluri, K. (2018). Resposta da batata à polihalita como fertilizante de fonte de potássio no Brasil: Rendimento e qualidade. *HortScience*, *53*(3), 373-379.

Delgado, E., Sulaiman, M. I., & Pawelzik, E. (2001). Importância do ácido clorogénico no potencial oxidativo dos tubérculos de batata de duas cultivares alemãs. *Potato Research*, *44*(2), 207-218.

El-Gamal, A. M. (1985). Efeito do nível de potássio no rendimento e na qualidade da batata. *Jornal de Ciências Agrícolas. Universidade de Mansoura*, *10*, 1473-1476.

FAOSTAT 2022. Produtos agrícolas e pecuários. [Online]. Disponível: <u>https://www.fao.org/faostat/en/#data/QCL</u> 10/08/2022.

Farooq , S., Gohar Ayub, M. A., Naeem, A., Riaz, R., Khan, M. W., Afzaal, M., ... & Khan, I. (2019). 53. Efeito da aplicação suplementar de potássio no crescimento e rendimento de cultivares de batata. *Biologia Pura e Aplicada (PAB)*, *8*(2), 1554-1563.

Feltran, J. C., Lemos, L. B., & Vieites, R. L. (2004). Qualidade tecnológica e aproveitamento de tubérculos de batata. *Scientia Agricola*, *61*, 598-603.

Ferandes AM, Soratto RP, Moreno LA. e Evan-gelista RM. (2015). Efeito da nutrição com fósforo na quali-dade de tubérculos frescos de cultivares de batata. *Bragantia, Campinas*; 74(1), 102-109.

Gerendás, J., & Führs, H. (2013). A importância do magnésio para a qualidade das culturas. *Plant and Soil*, *368*(1), 101-128.

Hamouz, K., Lachman, J., Dvořák, P., Dušková, O., e Čížek, M. (2007). Efeito das condições de localidade, variedade e fertilização no teor de ácido ascórbico em tubérculos de batata. *Ambiente do solo da planta.* 53, 252-257.

Hamouz, K., Lachman, J., Dvořák, P., Orsák, M., Hejtmánková, K., & Čížek, M. (2009). Efeito de fatores selecionados no conteúdo de ácido ascórbico em batatas com diferentes cores de polpa de tubérculos. *Planta, Solo e Meio Ambiente, 55*(7), 281-287.

Hannan, A.; Arif, M.; Ranjha, A.M.; Abid, A.; Fan, X.H.; Li, Y.C. (2011). Utilização de modelos de adsorção de potássio no solo e de resposta à produção para determinar as taxas de fertilizante de potássio para a cultura da batata num solo calcário no Paquistão. *Comunicação em Ciência do Solo e Análise de Plantas.* 42, 645-655.

Humadi, F. M. (1986). Influência das taxas de potássio no crescimento e rendimento da batata (*Solanum tuberosum*) (no Iraque). *Zanco (Iraque). Iraqi Journal of Agricultural Sciences,* ' ZANCO' 4(2): 69-75

IPNI. Cloreto de Potássio. [Online]. Disponível em <u>NSS-03 PotassiumChloride.pdf (ipni.net)</u>. 10/08/2022.

IPNI. Sulfato de Potássio. [Online]. Disponível em <u>NSS-05 Sulfato de Potássio.pdf (ipni.net)</u>. 10/08/2022.

Jaetzold R., Schmidt H., Hornetz B., Shisanya C., (2009a). Manual de Gestão Agrícola do Quénia Vol. II. Subparte B1b, Província do Norte do Vale do Rift: Condado de Uasin Gishu. Ministério da Agricultura, Nairobi, Quénia. Pp 9-21.

Jákli, B., Tränkner, M., Senbayram, M., & Dittert, K. (2016). O fornecimento adequado de potássio melhora a eficiência do uso da água pela planta, mas não a eficiência do uso da água pelas folhas do trigo de primavera. *Journal of Plant Nutrition and Soil Science, 179*(6), 733-745.

Janssens, S. R. M., Wiersema, S. G., & Goos, H. T. (2013). *A cadeia de valor das batatas de semente e de consumo no Quénia: Opportunities for development* (No. 13-080). Lei wageningen UR.

Kaguongo, W., Gildemacher, P., Demo, P., Wagoire, W., Kinyae, P., Andrade, J., Forbes, G., Fuglie, K. e Thiele, G. (2008) Farmer Practices and Adoption of Improved Potato Varieties in Kenya and Uganda. Social Sciences Working Paper 2008-5, Centro Internacional da Batata (CIP), Lima, 85 p.

Kaguongo, W., Nyangweso, A., Mutunga, J., Nderitu, J., Lunga'ho, C., Nganga, N., ... & Lutaladio, N. (2013). *Um guia para os decisores políticos sobre a diversificação das culturas*. O caso da batata no Quénia. Roma (Itália). FAO. ISBN 978-92-5-107728-3. 70 p.

Kang, W., Fan, M., Ma, Z., Shi, X., & Zheng, H. (2014). Absorção luxuosa de potássio por plantas de batata. *American Journal of Potato Research*, *91*(5), 573-578.

Kay, R.D., Edwards, W.M. e Duffy, P.A. (2012) Farm Management. 7ª Edição, McGraw Hill Companies, Inc., Nova Iorque.

KEPHIS. 2016. "Registo Oficial de Variedades do Quénia". Serviço de Inspeção Fitossanitária do Quénia, Nairobi.

Khan, M. Z., Akhtar, M. E., Mahmood-ul-Hassan, M., Mahmood, M. M., & Safdar, M. N. (2012). Rendimento e qualidade do tubérculo de batata afetados por taxas e fontes de fertilizante de potássio. *Jornal de nutrição vegetal*, *35*(5), 664-677.

Khan, M. Z., Akhtar, M. E., Safdar, M. N., Mahmood, M. M., Ahmad, S., & Ahmed, N. (2010). Efeito da fonte e do nível de potássio no rendimento e na qualidade dos tubérculos de batata. *Pakistan Journal of Botany*, *42*(5), 3137-3145.

Kita, A. (2014). O efeito da fritura na absorção de gordura e na textura de produtos de batata frita. *Jornal Europeu de Ciência e Tecnologia dos Lípidos*, *116*(6), 735-740.

Koch, M., Busse, M., Naumann, M., Jákli, B., Smit, I., Cakmak, I., ... & Pawelzik, E. (2019a). Efeitos diferenciais da nutrição variada de potássio e magnésio na produção e partição de fotoassimilados em plantas de batata. *Physiologia Plantarum*, *166*(4), 921-935.

Koch, M., Naumann, M., & Pawelzik, E. (2019). Propriedades de rachadura e fratura de tubérculos de batata (*Solanum tuberosum L.*) e sua relação com a matéria seca, amido e distribuição mineral. *Journal of the Science of Food and Agriculture*, *99*(6), 3149-3156.

Koch, M., Naumann, M., Pawelzik, E., Gransee, A., & Thiel, H. (2020). A importância do manejo de nutrientes para a produção de batata Parte I: Nutrição e rendimento das plantas. *Potato Research*, *63*(1), 97-119.

Konova, A.M. - Gavrilova, A.U. - Samoilov, L.N. (2016). Rendimento e qualidade da batata em função do uso prolongado de agroquímicos em solos argilosos leves sodpodzólicos da região de Smolensk. In *International Research Journal*, no. 11-5(53), pp. 30-33.

Kumar, P., S.K. Pandey, B.P. Singh, S.V. Singh e D. Kumar. 2007. Influência da fonte e do tempo de aplicação de potássio no crescimento, rendimento, economia e qualidade estaladiça da batata. *Potato Research.* 50:1-13.

Li, S.; Duan, Y.; Guo, T.; Zhang, P.; He, P.; Johnston, A.; Shcherbakov, A. (2015). Gestão de potássio na produção de batata na região noroeste da China. *Pesquisa de Culturas de Campo* 174, 48-54

Lisińska, G., Pęksa, A., Kita, A., Rytel, E., & Tajner-Czopek, A. (2009). A qualidade da batata para processamento e consumo. *Food, 3*(2), 99-104.

Malakouti, M. J., & Mirsolaymani, M. Y. (1993, junho). Resposta da batata ao potássio nos solos calcários do Irão. In *Simpósio realizado em Teerão, Irão, 19-22 de junho de 1993* (p. 249).

Manolov, I., Neshev, N., & Chalova, V. (2016). Os parâmetros de qualidade dos tubérculos das variedades de batata dependem da taxa e da fonte de fertilizante de potássio. *Agricultura e Ciências Agrícolas Procedia, 10*, 63-66.

Manolov, I., Neshev, N., Chalova, V., & Yordanova, N. (2015). Influência da fonte de fertilizante de potássio no rendimento e na qualidade da batata. Em *Proceedings. 50º Simpósio Croata e 10º Simpósio Internacional de Agricultura. Opatija. Croácia* (pp. 363-367).

Marschner, H. (1995). Mineral nutrition of higher plants 2nd edition. *Académico, Grã-Bretanha.*

Marschner, P. (2012). Marschner's mineral nutrition of higher plants, 3rd edn (Elsevier: Amsterdam).

Marton, L. (2001). Efeitos do potássio no rendimento da batata (*Solanum tuberosum L.*). *Revista de Potássio, 1*(4), 89-92.

Matthäus, B., & Haase, N. U. (2014). Acrilamida - ainda uma questão de preocupação para alimentos de batata frita. *Jornal Europeu de Ciência e Tecnologia dos Lípidos, 116*(6), 675-687.

Relatório de Sustentabilidade McCain (2023).

McNabnay, M., Dean, B. B., Bajema, R. W., & Hyde, G. M. (1999). The effect of potassium deficiency on chemical, biochemical and physical factors commonly associated with blackspot development in potato tubers. *American Journal of Potato Research*, 76(2), 53-60.

Mehdi, S. M., Sarfraz, M., & Hafeez, M. (2007). Resposta da linha avançada de arroz PB-95 à aplicação de potássio em solo salino-sódico. *Jornal de Ciências Biológicas do Paquistão: PJBS*, 10(17), 2935-2939.

Mengel, K. e E.A. Kirkby. (1987). Princípios de nutrição vegetal. 4ª ed. Instituto Internacional da Potassa, Berna, 687.

Mikhailova, L.A. - Alyoshin, M.A. - Alyoshina, D.V. (2013). Influência das condições de nutrição mineral na produtividade e qualidade da batata no cultivo em solo argiloso-argiloso pesado podzólico. Em *Perm Agrarian Journal*. 1, 9-14.

MoALF. (2015). Análise Económica da Agricultura (ERA). 79.

MoALF. (2017). Perfil de Risco Climático para o Condado de Uasin Gishu. Série de Perfis de Risco Climático do Condado do Quénia. Ministério da Agricultura, Pecuária e Pescas (MoALF), Nairobi, Quénia.

MoALF/SHEP PLUS (Projeto de Capacitação e Promoção da Horticultura para Pequenos Agricultores a Nível Local e de Aumento de Escala) (2019). Produção de batata. [Online]. Disponível em Slide 1 (jica.go.jp) 02/05/2020.

Mondy, N. I., e Munshi, C. B. (1993). Efeito do tipo de fertilizante de potássio na descoloração enzimática e nos teores de fenólicos, ácido ascórbico e lípidos das batatas. *Journal of Agriculture and Food Chemistry*. 4, 849-852.

Myers, M. (2011). Potatoes goodness unearthed. *Denver, Colorado: The United States Potato Board*.

NAAIAP, K. (2014). Avaliação da aptidão do solo para a produção de milho no Quénia. *Nairobi, Quénia http://kenya. soilhealthconsortia. org*.

Naumann, M., Koch, M., Thiel, H., Gransee, A., & Pawelzik, E. (2020). A importância do manejo de nutrientes para a produção de batata, parte II: nutrição das plantas e qualidade dos tubérculos. *Potato Research*, 63(1), 121-137.

NPCK (2021). Catálogo de variedades de batata 2021. [Online]. Disponível em Catálogo de variedades de batata - NPCK 10/08/2022. 9-74

Okalebo, J. R., Gathua, K. W., & Woomer, P. L. (2002). Métodos laboratoriais de análise de solos e plantas: uma segunda edição do manual de trabalho. *Sacred Africa, Nairobi*, 21, 25-26.

Olsson, K., Svensson, R., & Roslund, C. A. (2004). Componentes do tubérculo que afectam a formação de acrilamida e a cor da batata frita: variação por variedade, ano, temperatura de armazenamento e tempo de armazenamento. *Journal of the Science of Food and Agriculture, 84*(5), 447-458.

Paul, V., Singh, A., & Pandey, R. (2021). Determinação da Acidez Titulável (AT). Laboratory Manual on "Post-Harvest Physiology of Fruits and Flowers", IARI, New Delhi, 44.

Perrenoud, S. (1993). Fertilização para uma batata de maior rendimento; Boletim IPI8; Instituto Internacional da Potassa: Berna, Suíça. [Online]. Disponível em ipi_bulletin_8_fertilizing_for_high_yield_potato.pdf (ipipotash.org). 14/12/2022.

Pervez, M. A., Ayyub, C. M., Shaheen, M. R., & Noor, M. A. (2013). Determinação das caraterísticas fisiomorfológicas da cultura da batata regulada pela gestão do potássio. *Jornal paquistanês de ciências agrícolas, 50*(4).

Praeger, U., Herppich, W. B., König, C., Herold, B., & Geyer, M. (2009). Alterações do estado da água, das propriedades elásticas e da incidência de pontos negros durante o armazenamento de tubérculos de batata. *J Appl Bot Food Qual, 83*, 1-8.

Römheld, V., & Kirkby, E. A. (2010). Investigação sobre potássio na agricultura: necessidades e perspectivas. *Plant and soil, 335*(1), 155-180.

Rosen, C. J., Errebhi, M., & Wang, W. (1996). Testando a seiva do pecíolo para nitrato e potássio: A comparison of several analytical procedures. *HortScience, 31*(7), 1173-1176.

Saha, R. (2001). Efeito do potássio com e sem fertilizantes contendo enxofre no crescimento e rendimento da batata (*Solanum tuberosum L.*). *Ambiente e Ecologia, 19*(1), 202-205.

Samaniego, I., Espin, S., Cuesta, X., Arias, V., Rubio, A., Llerena, W., et al. (2020). Análise do efeito das condições ambientais na composição fitoquímica de cultivares de batata (*Solanum tuberosum*). *Teoria do Planejamento* 9:815.

Schepers, H., R. Wustman, e P. Verheij. (2015). Oportunidades no sector da batata. Uma análise das cadeias de valor da semente ao produto de consumo. Brasil. [Online]. Disponível em Oportunidades no sector da batata; Brasil uma análise das cadeias de valor da semente ao produto de consumo - DocsLib. 14/12/2022.

Schilling, G., Eißner, H., Schmidt, L., & Peiter, E. (2016). Formação de rendimento de cinco espécies de culturas sob falta de água e fornecimento diferencial de potássio. *Journal of Plant Nutrition and Soil Science, 179*(2), 234-243.

Sharma, D.K. - Kushwah, S.S. - Nema, P.K. - Rathore, S.S. (2011). Efeito do enxofre no rendimento e na qualidade da batata (*Solanum tuberosum L.*). In *International Journal of Agricultural Research,* vol. *6*, (2), 143-148.

Sleper, D. A. e Poehlman, J. M. (2006). Breeding field crops. 5 ed. (edição) Blackwell Publishing, pp. 424.

Smith, D., & Smith, R. R. (1977). Respostas do trevo vermelho a taxas crescentes de fertilizante de potássio em cobertura 1. *Agronomy Journal, 69*(1), 45-48.

Spooner, D. M., & Knapp, S. (2013). *Solanum stipuloideum* Rusby, o nome correto para *Solanum circaeifolium* Bitter. *American Journal of Potato Research, 90*(4), 301-305.

Spooner, D. M., & Salas, A. (2006). Estrutura, biossistemática e recursos genéticos. In *Handbook of potato production, improvement, and postharvest management* (pp. 1-40). CRC Press.

Struik, P. C. (2007). Desenvolvimento de plantas acima e abaixo do solo. Em *Potato Biology and Biotechnology* (pp. 219-236). Elsevier Science BV.

Subramanian, N. K., White, P. J., Broadley, M. R., & Ramsay, G. (2011). A distribuição tridimensional de minerais em tubérculos de batata. *Annals of Botany, 107*(4), 681-691.

Tawfik, A.A. (2001). A nutrição de potássio e cálcio melhora a produção de batata em solo arenoso irrigado por gotejamento. *African Crop Science Journal* **2001**, 9, 147-155.

Terman, G. L. (1950). Effect of rate and source of potash on yield and starch content of potatoes.

Thygesen, L. G., Thybo, A. K., & Engelsen, S. B. (2001). Previsão da qualidade da textura sensorial de batatas cozidas a partir de1H NMR de campo baixo de batatas cruas. O papel dos constituintes químicos. *LWT-Food Science and Technology, 34*(7), 469-477.

Tyl, C. & Sadler, G. D. (2017). Ph e Acidez Titulável. Food Analysis, 389 - 406. doi : 10 . 1007/978 - 3 - 319 - 45776 - 5 _22.

Wang, M., Zheng, Q., Shen, Q., & Guo, S. (2013). O papel crítico do potássio na resposta ao stress das plantas. *Revista Internacional de Ciências Moleculares, 14*(4), 7370-7390.

Wang-Pruski, G., & Nowak, J. (2004). Escurecimento da batata após a cozedura. *American Journal of Potato Research, 81*(1), 7-16.

Westermann, D.T. - James, D.W. - Tindall, T.A. - Hurst, R.L. (1994). Fertilização de batatas com azoto e potássio: Açúcares e amido. No *American Potato Journal*, vol. *71*, (7), 433-453.

White, P. J., & Broadley, M. R. (2009). Biofortificação de culturas com sete elementos minerais frequentemente em falta nas dietas humanas - ferro, zinco, cobre, cálcio, magnésio, selénio e iodo. *New Phytologist, 182*(1), 49-84.

Wilmer L, Pawelzik E e Naumann M (2022). Comparação dos efeitos da fertilização com sulfato de potássio e cloreto de potássio nos parâmetros de qualidade, incluindo compostos voláteis, de tubérculos de batata após a colheita e armazenamento. *Frontiers of Plant Science*. 13:920212. doi: 10.3389/fpls.2022.920212

Yakimenko, V. N., & Naumova, N. B. (2018). Rendimento e qualidade do tubérculo de batata sob diferentes taxas e formas de aplicação de potássio na Sibéria Ocidental. *Agricultura/Pol'nohospodárstvo, 64*(3), 128-136.

Yara (2022). Resumo nutricional da batata. [Online]. Disponível em https://www.yara.co.ke/crop-nutrition/potato/potato-nutritional-summary/ 10/08/2022.

Young, B.K. (2009). Potassium Movement and Uptake as Affected by Potassium Source and Placement (Movimento e absorção de potássio afetados pela fonte e colocação de potássio). Tese de Mestrado, Universidade de Auburn, Auburn, AL, EUA.

Zekri, M., & Obreza, T. A. (2009). Nutrientes vegetais para árvores de citrinos. Solução para a sua vida. Instituto de Ciências Alimentares e Agrícolas, Universidade da Flórida.

Zörb, C., Senbayram, M., & Peiter, E. (2014). Potássio na agricultura - situação e perspectivas. *Journal of Plant Physiology, 171*(9), 656-669.

Apêndice I: Dados de precipitação e temperatura

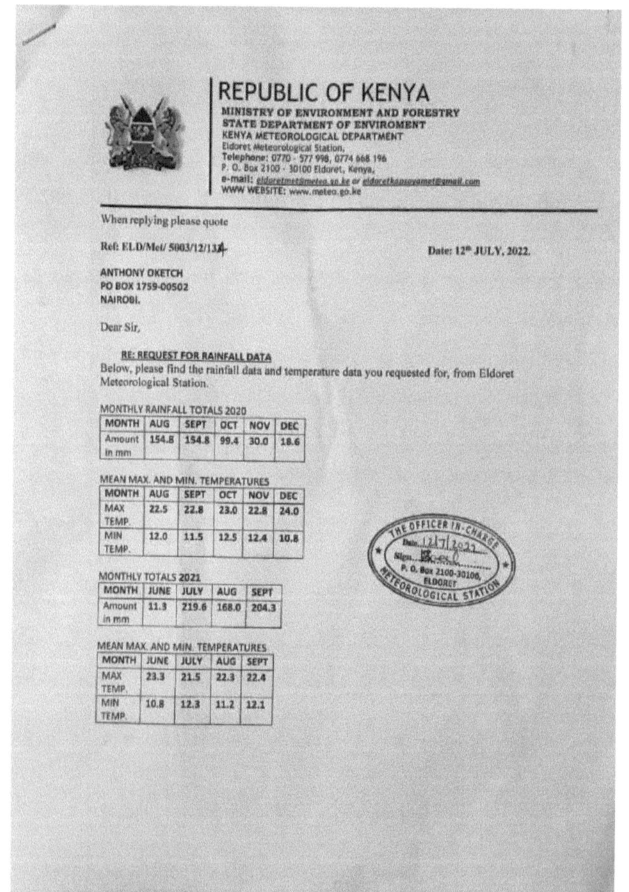

REPUBLIC OF KENYA

MINISTRY OF ENVIRONMENT AND FORESTRY
STATE DEPARTMENT OF ENVIROMENT
KENYA METEOROLOGICAL DEPARTMENT
Eldoret Meteorological Station,
Telephone: 0770 - 577 998, 0774 668 196
P. O. Box 2100 - 30100 Eldoret, Kenya,
e-mail: eldoretmet@meteo.go.ke or eldoretkapsoyamet@gmail.com
WWW WEBSITE: www.meteo.go.ke

When replying please quote

Ref: ELD/Met/ 5003/12/134   Date: 12th JULY, 2022.

ANTHONY OKETCH
PO BOX 1759-00502
NAIROBI.

Dear Sir,

RE: REQUEST FOR RAINFALL DATA

Below, please find the rainfall data and temperature data you requested for, from Eldoret Meteorological Station.

MONTHLY RAINFALL TOTALS 2020

MONTH	AUG	SEPT	OCT	NOV	DEC
Amount in mm	154.8	154.8	99.4	30.0	18.6

MEAN MAX. AND MIN. TEMPERATURES

MONTH	AUG	SEPT	OCT	NOV	DEC
MAX TEMP.	22.5	22.8	23.0	22.8	24.0
MIN TEMP.	12.0	11.5	12.5	12.4	10.8

MONTHLY TOTALS 2021

MONTH	JUNE	JULY	AUG	SEPT
Amount in mm	11.3	219.6	168.0	204.3

MEAN MAX. AND MIN. TEMPERATURES

MONTH	JUNE	JULY	AUG	SEPT
MAX TEMP.	23.3	21.5	22.3	22.4
MIN TEMP.	10.8	12.3	11.2	12.1

Apêndice II: Tabela ANOVA para o rendimento do tubérculo de chats durante a estação chuvosa curta de 2020

Fonte de variação	d.f.	s.s.	s.m.	v.r.	F pr.
Estrato do bloco	2	0.001453	0.000727	0.21	
Bloco *Unidades* estrato					
K_Fonte	1	0.127303	0.127303	36.49	<.001
K_Rate_kg_ha	4	0.446091	0.111523	31.97	<.001
K_Fonte.K_Rate_kg_ha	4	0.233361	0.05834	16.72	<.001
Residual	18	0.062798	0.003489		
Total	29	0.871007			

Apêndice III: Tabela ANOVA para o rendimento do tubérculo de chats durante a estação chuvosa longa de 2021

Fonte de variação	d.f.	s.s.	s.m.	v.r.	F pr.
Estrato do bloco	2	0.001038	0.000519	0.09	
Bloco *Unidades* estrato					
K_Fonte	1	0.011994	0.011994	2.02	0.169
K_Rate_kg_ha	5	0.10115	0.02023	3.41	0.02
K_Fonte.K_Rate_kg_ha	5	0.404583	0.080917	13.65	<.001
Residual	22	0.130456	0.00593		
Total	35	0.649222			

Apêndice IV: Tabela ANOVA para a produção de tubérculos de tamanho I durante a estação chuvosa curta de 2020

Fonte de variação	d.f.	s.s.	s.m.	v.r.	F pr.
Estrato do bloco	2	1.4338	0.7169	4.53	
Bloco *Unidades* estrato					
K_Fonte	1	3.6979	3.6979	23.35	<.001
K_Rate_kg_ha	4	8.5281	2.132	13.46	<.001
K_Fonte.K_Rate_kg_ha	4	8.0518	2.013	12.71	<.001
Residual	18	2.8511	0.1584		
Total	29	24.5627			

Apêndice V: Quadro ANOVA para a produção de tubérculos de tamanho I durante a estação chuvosa longa de 2021

Fonte de variação	d.f.	s.s.	s.m.	v.r.	F pr.
Estrato do bloco	2	0.3109	0.1554	0.63	
Bloco *Unidades* estrato					
K_Fonte	1	1.3557	1.3557	5.51	0.028
K_Rate_kg_ha	5	11.0634	2.2127	8.99	<.001
K_Fonte.K_Rate_kg_ha	5	17.8319	3.5664	14.49	<.001
Residual	22	5.4152	0.2461		
Total	35	35.9771			

Apêndice VI: Quadro ANOVA para o rendimento de tubérculos de tamanho II durante a estação chuvosa curta de 2020

Fonte de variação	d.f.	s.s.	s.m.	v.r.	F pr.
Estrato do bloco	2	0.3307	0.1654	0.39	
Bloco *Unidades* estrato					
K_Fonte	1	0.7984	0.7984	1.88	0.187
K_Rate_kg_ha	4	8.6437	2.1609	5.1	0.006
K_Fonte.K_Rate_kg_ha	4	14.9332	3.7333	8.81	<.001
Residual	18	7.6304	0.4239		
Total	29	32.3364			

Apêndice VII: Quadro ANOVA para o rendimento de tubérculos de tamanho II durante a estação chuvosa longa de 2021

Fonte de variação	d.f.	s.s.	s.m.	v.r.	F pr.
Estrato do bloco	2	0.0084	0.0042	0.01	
Bloco *Unidades* estrato					
K_Fonte	1	28.8688	28.8688	41.81	<.001
K_Rate_kg_ha	5	37.8187	7.5637	10.96	<.001
K_Fonte.K_Rate_kg_ha	5	13.8224	2.7645	4	0.01
Residual	22	15.1891	0.6904		
Total	35	95.7073			

Apêndice VIII: Tabela ANOVA para o rendimento de tubérculos de tabaco durante a estação chuvosa curta de 2020

Fonte de variação	d.f.	s.s.	s.m.	v.r.	F pr.
Estrato do bloco	2	0.3636	0.1818	1.37	
Bloco *Unidades* estrato					
K_Fonte	1	0.0781	0.0781	0.59	0.453
K_Rate_kg_ha	4	12.8675	3.2169	24.2	<.001
K_Fonte.K_Rate_kg_ha	4	11.3564	2.8391	21.36	<.001
Residual	18	2.3925	0.1329		
Total	29	27.0582			

Apêndice IX: Tabela ANOVA para o rendimento de tubérculos de tabaco durante a estação chuvosa longa de 2021

Fonte de variação	d.f.	s.s.	s.m.	v.r.	F pr.
Estrato do bloco	2	5.545	2.773	0.55	
Bloco *Unidades* estrato					
K_Fonte	1	161.981	161.981	32.21	<.001
K_Rate_kg_ha	5	275.008	55.002	10.94	<.001
K_Fonte.K_Rate_kg_ha	5	350.066	70.013	13.92	<.001
Residual	22	110.636	5.029		
Total	35	903.236			

Apêndice X: Tabela ANOVA para o rendimento de tubérculos comercializáveis durante a estação chuvosa curta de 2020

Fonte de variação	d.f.	s.s.	s.m.	v.r.	F pr.
Estrato do bloco	2	0.3088	0.1544	0.24	
Bloco *Unidades* estrato					
K_Fonte	1	6.4365	6.4365	9.88	0.006
K_Rate_kg_ha	4	41.2914	10.3228	15.84	<.001
K_Fonte.K_Rate_kg_ha	4	35.9429	8.9857	13.79	<.001
Residual	18	11.7317	0.6518		
Total	29	95.7113			

Apêndice XI: Tabela ANOVA para o rendimento de tubérculos comercializáveis durante a estação chuvosa longa de 2021

Fonte de variação	d.f.	s.s.	s.m.	v.r.	F pr.
Estrato do bloco	2	5.857	2.929	0.49	
Bloco *Unidades* estrato					
K_Fonte	1	371.121	371.121	62.16	<.001
K_Rate_kg_ha	5	423.26	84.652	14.18	<.001
K_Fonte.K_Rate_kg_ha	5	379.633	75.927	12.72	<.001
Residual	22	131.35	5.97		
Total	35	1311.221			

Apêndice XII: Tabela ANOVA para o teor de SST dos tubérculos durante a estação chuvosa curta de 2020

Fonte de variação	d.f.	s.s.	s.m.	v.r.	F pr.
Estrato do bloco	2	0.9551	0.4776	1.72	
Bloco *Unidades* estrato					
K_Fonte	1	0.5796	0.5796	2.08	0.166
K_Rate_kg_ha	4	1.4667	0.3667	1.32	0.301
K_Fonte.K_Rate_kg_ha	4	1.5041	0.376	1.35	0.29
Residual	18	5.0079	0.2782		
Total	29	9.5135			

Apêndice XIII: Tabela ANOVA para o teor de SST dos tubérculos durante a estação chuvosa longa de 2021

Fonte de variação	d.f.	s.s.	s.m.	v.r.	F pr.
Estrato do bloco	2	0.9146	0.4573	2.55	
Bloco *Unidades* estrato					
K_Fonte	1	0.4467	0.4467	2.49	0.129
K_Rate_kg_ha	5	0.354	0.0708	0.39	0.847
K_Fonte.K_Rate_kg_ha	5	0.8804	0.1761	0.98	0.452
Residual	22	3.9514	0.1796		
Total	35	6.5471			

Apêndice XIV: Tabela ANOVA para o teor de acidez titulável dos tubérculos durante a estação chuvosa curta de 2020

Fonte de variação	d.f.	s.s.	s.m.	v.r.	F pr.
Estrato do bloco	2	0.00194	0.00097	2.38	
Bloco *Unidades* estrato					
K_Fonte	1	0.000333	0.000333	0.82	0.377
K_Rate_kg_ha	4	0.001887	0.000472	1.16	0.362
K_Fonte.K_Rate_kg_ha	4	0.001233	0.000308	0.76	0.566
Residual	18	0.007327	0.000407		
Total	29	0.01272			

Apêndice XV: Tabela ANOVA para o teor de acidez titulável dos tubérculos durante a estação chuvosa longa de 2021

Fonte de variação	d.f.	s.s.	s.m.	v.r.	F pr.
Estrato do bloco	2	0.000101	5.04E-05	0.12	
Bloco *Unidades* estrato					
K_Fonte	1	0.000441	0.000441	1.06	0.315
K_Rate_kg_ha	5	0.002555	0.000511	1.23	0.33
K_Fonte.K_Rate_kg_ha	5	0.002078	0.000416	1	0.442
Residual	22	0.009165	0.000417		
Total	35	0.014339			

Apêndice XVI: Tabela ANOVA para o teor de matéria seca dos tubérculos durante a estação chuvosa curta de 2020

Fonte de variação	d.f.	s.s.	s.m.	v.r.	F pr.
Estrato do bloco	2	3.843	1.921	1.19	
Bloco *Unidades* estrato					
K_Fonte	1	16.119	16.119	10	0.005
K_Rate_kg_ha	4	7.639	1.91	1.19	0.351
K_Fonte.K_Rate_kg_ha	4	7.099	1.775	1.1	0.386
Residual	18	29	1.611		
Total	29	63.7			

Apêndice XVII: Tabela ANOVA para o teor de matéria seca dos tubérculos durante a estação chuvosa longa de 2021

Fonte de variação	d.f.	s.s.	s.m.	v.r.	F pr.
Estrato do bloco	2	12.213	6.107	4.68	
Bloco *Unidades* estrato					
K_Fonte	1	18.19	18.19	13.94	0.001
K_Rate_kg_ha	5	12.937	2.587	1.98	0.121
K_Fonte.K_Rate_kg_ha	5	10.733	2.147	1.64	0.19
Residual	22	28.715	1.305		
Total	35	82.788			

Apêndice XVIII: Tabela ANOVA para o teor de amido dos tubérculos durante a estação chuvosa curta de 2020

Fonte de variação	d.f.	s.s.	s.m.	v.r.	F pr.
Estrato do bloco	2	3.5871	1.7936	1.89	
Bloco *Unidades* estrato					
K_Fonte	1	0.108	0.108	0.11	0.74
K_Rate_kg_ha	4	92.5609	23.1402	24.42	<.001
K_Fonte.K_Rate_kg_ha	4	229.9416	57.4854	60.66	<.001
Residual	18	17.0579	0.9477		
Total	29	343.2556			

Apêndice XIX: Tabela ANOVA para o teor de amido dos tubérculos durante a estação chuvosa longa de 2021

Fonte de variação	d.f.	s.s.	s.m.	v.r.	F pr.
Estrato do bloco	2	35.583	17.792	7.01	
Bloco *Unidades* estrato					
K_Fonte	1	0.113	0.113	0.04	0.835
K_Rate_kg_ha	5	37.349	7.47	2.94	0.035
K_Fonte.K_Rate_kg_ha	5	1.746	0.349	0.14	0.982
Residual	22	55.867	2.539		
Total	35	130.658			

Apêndice XX: Tabela ANOVA para o teor de vitamina C dos tubérculos durante a estação chuvosa curta de 2020

Fonte de variação	d.f.	s.s.	s.m.	v.r.	F pr.
Estrato do bloco	2	4.9211	2.4605	3.02	
Bloco *Unidades* estrato					
K_Fonte	1	22.1021	22.1021	27.17	<.001
K_Rate_kg_ha	4	72.5946	18.1486	22.31	<.001
K_Fonte.K_Rate_kg_ha	4	97.4413	24.3603	29.94	<.001
Residual	18	14.6439	0.8136		
Total	29	211.7029			

Apêndice XXI: Tabela ANOVA para o teor de vitamina C dos tubérculos durante a estação chuvosa longa de 2021

Fonte de variação	d.f.	s.s.	s.m.	v.r.	F pr.
Estrato do bloco	2	25.353	12.676	4.67	
Bloco *Unidades* estrato					
K_Fonte	1	6.605	6.605	2.43	0.133
K_Rate_kg_ha	5	155.237	31.047	11.43	<.001
K_Fonte.K_Rate_kg_ha	5	325.554	65.111	23.98	<.001
Residual	22	59.741	2.715		
Total	35	572.489			

Apêndice XXII: Tabela ANOVA para os componentes de qualidade da textura dos tubérculos durante a estação chuvosa curta de 2020

Fonte de variação	d.f.	s.s.	s.m.	v.r.	F pr.
Estrato do bloco	2	0.5239	0.262	1.6	
Bloco *Unidades* estrato					
K_Fonte	1	0.4344	0.4344	2.65	0.121
K_Rate_kg_ha	4	1.3043	0.3261	1.99	0.14
K_Fonte.K_Rate_kg_ha	4	0.2687	0.0672	0.41	0.799
Residual	18	2.9516	0.164		
Total	29	5.4829			

Apêndice XXIII: Tabela ANOVA para os componentes de qualidade da textura dos tubérculos durante a estação chuvosa longa de 2021

Fonte de variação	d.f.	s.s.	s.m.	v.r.	F pr.
Estrato do bloco	2	0.2482	0.1241	2.56	
Bloco *Unidades* estrato					
K_Fonte	1	0.01004	0.01004	0.21	0.654
K_Rate_kg_ha	5	0.67187	0.13437	2.77	0.044
K_Fonte.K_Rate_kg_ha	5	0.03078	0.00616	0.13	0.985
Residual	22	1.0685	0.04857		
Total	35	2.02939			

Apêndice XXIV: Análise da margem bruta durante a estação chuvosa de curta duração de 2020

Taxa K	Fonte K	Prepa ração da terra Ksh/acre	Sement e Ksh/acre	TSP Ksh/ha	Ureia Ksh/ha	MOP Ksh/ha	SOP Ksh/ha	Fungicid a e Pesticida Ksh/ha	Monda e aterrame nto Ksh/ha	Aplicação de fertilizant es Ksh/ha	Colheita Ksh/ha	Custo variável total Ksh/ha
0kg K/ha	MOP	19,768	148,260	30,500	18,150	0	0	49,420	24,710	9,884	8,896	309,588
	SOP	19,768	148,260	30,500	18,150	0	0	49,420	24,710	9,884	8,896	309,588
60kg K/ha	MOP	19,768	148,260	30,500	18,150	6,386	0	49,420	24,710	9,884	8,896	315,974
	SOP	19,768	148,260	30,500	18,150	0	10,337	49,420	24,710	9,884	8,896	319,925
120kg K/ha	MOP	19,768	148,260	30,500	18,150	12,771	0	49,420	24,710	9,884	8,896	322,359
	SOP	19,768	148,260	30,500	18,150	0	20,675	49,420	24,710	9,884	8,896	330,263
180kg K/ha	MOP	19,768	148,260	30,500	18,150	19,157	0	49,420	24,710	9,884	8,896	328,745
	SOP	19,768	148,260	30,500	18,150	0	31,012	49,420	24,710	9,884	8,896	340,600
240kg K/ha	MOP	19,768	148,260	30,500	18,150	25,542	0	49,420	24,710	9,884	8,896	335,130
	SOP	19,768	148,260	30,500	18,150	0	41,349	49,420	24,710	9,884	8,896	350,937

Apêndice XXV: Análise da margem bruta durante a estação chuvosa de curta duração de 2020

Taxa K	Fonte K	Custo variável total (Ksh/ha)	Rendimento (toneladas/ha)	Preço por tonelada (Ksh)	Rendimento (Ksh)	Margem bruta (Ksh)
0kg K/ha	MOP	309,588	12.75	20,000	255,000	-54,588
	SOP	309,588	10.78	20,000	215,600	-93,988
60kg K/ha	MOP	315,974	13.65	20,000	273,000	-42,974
	SOP	319,925	13.17	20,000	263,400	-56,525
120kg K/ha	MOP	322,359	11.72	20,000	234,400	-87,959
	SOP	330,263	16.27	20,000	325,400	-4,863
180kg K/ha	MOP	328,745	12.05	20,000	241,000	-87,745
	SOP	340,600	13.65	20,000	273,000	-67,600
240 kg K/ha	MOP	335,130	10.26	20,000	205,200	-99,330
	SOP	350,937	11.18	20,000	223,600	-129,930

Apêndice XXVI: Análise da margem bruta durante a estação chuvosa longa de 2021

Taxa K	Fonte K	Preparação da terra Ksh/acre	Semente Ksh/acre	TSP Ksh/ha	Ureia Ksh/ha	MOP Ksh/ha	SOP Ksh/ha	Fungicida e Pesticida Ksh/ha	Monda e aterramento Ksh/ha	Aplicação de fertilizantes Ksh/ha	Colheita Ksh/ha	Custo variável total Ksh/ha
0kg K/ha	MOP	19,768	148,260	32,000	21,150	0	0	49,420	24,710	9,884	8,896	314,088
	SOP	19,768	148,260	32,000	21,150	0	0	49,420	24,710	9,884	8,896	314,088
30kg K/ha	MOP	19,768	148,260	32,000	21,150	3,253	0	49,420	24,710	9,884	8,896	317,341
	SOP	19,768	148,260	32,000	21,150	0	5,349	49,420	24,710	9,884	8,896	319,437
60kg K/ha	MOP	19,768	148,260	32,000	21,150	6,506	0	49,420	24,710	9,884	8,896	320,594
	SOP	19,768	148,260	32,000	21,150	0	10,699	49,420	24,710	9,884	8,896	324,787
90kg K/ha	MOP	19,768	148,260	32,000	21,150	9,759	0	49,420	24,710	9,884	8,896	323,847
	SOP	19,768	148,260	32,000	21,150	0	16,048	49,420	24,710	9,884	8,896	330,136
120kg K/ha	MOP	19,768	148,260	32,000	21,150	13,012	0	49,420	24,710	9,884	8,896	327,100
	SOP	19,768	148,260	32,000	21,150	0	21,398	49,420	24,710	9,884	8,896	335,486
180kg K/ha	MOP	19,768	148,260	32,000	21,150	19,518	0	49,420	24,710	9,884	8,896	333,606
	SOP	19,768	148,260	32,000	21,150	0	32,096	49,420	24,710	9,884	8,896	346,184

Apêndice XXVII: Relatório de similaridade

University of Eldoret

Certificate of Plagiarism Check for Thesis

Author Name	SAGR/SCH/M/013/19 Anthony Otieno Oketch
Course of Study	Type here...
Name of Guide	Type here...
Department	Type here...
Acceptable Maximum Limit	Type here...
Submitted By	titustoo@uoeld.ac.ke
Paper Title	POTATO (Solanum tuberosum L.) TUBER YIELD AND QUALITY AS INFLUENCED BY POTASSIUM FERTILIZER IN UASIN GISHU COUNTY, KENYA
Similarity	12%
Paper ID	1491332
Submission Date	2024-03-04 10:16:45

Signature of Student   Signature of Guide

Head of the Department

University Librarian   Director of Post Graduate Studies

* This report has been generated by DrillBit Anti-Plagiarism Software

I want morebooks!

Buy your books fast and straightforward online - at one of world's fastest growing online book stores! Environmentally sound due to Print-on-Demand technologies.

Buy your books online at
www.morebooks.shop

Compre os seus livros mais rápido e diretamente na internet, em uma das livrarias on-line com o maior crescimento no mundo! Produção que protege o meio ambiente através das tecnologias de impressão sob demanda.

Compre os seus livros on-line em
www.morebooks.shop

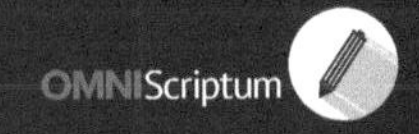